景观植物实用图鉴 第1辑

一年生草花

薛聪贤 编著

33科228种

常见植物一本通

从植物识别到日常养护技能 / 从浇水、施肥、温湿度、光照、修剪等基础护理到植物繁殖等注意事项 / 为读者提供真正实用的养护指南

華中科技大學出版社
http://press.hust.edu.cn
中国·武汉

图书在版编目（CIP）数据

景观植物实用图鉴. 第1辑，一年生草花 / 薛聪贤编著. —武汉：华中科技大学出版社，2023. 3
ISBN 978-7-5680-4108-9
Ⅰ. ①景… Ⅱ. ①薛… Ⅲ. ①园林植物－图集②一年生植物－图集 Ⅳ. ①S68-64

中国国家版本馆CIP数据核字（2023）第019835号

景观植物实用图鉴. 第1辑，一年生草花 **薛聪贤　编著**
Jingguan Zhiwu Shiyong Tujian Diyiji Yiniansheng Caohua

出版发行：华中科技大学出版社（中国・武汉）　　电话：（027）81321913
武汉市东湖新技术开发区华工科技园　　邮编：430223
出 版 人：阮海洪

策划编辑：段园园　　版式设计：王　娜
责任编辑：陈　骏　　责任监印：朱　玢

印　　刷：湖北新华印务有限公司
开　　本：710 mm × 1000 mm 1/16
印　　张：8.5
字　　数：136千字
版　　次：2023年3月 第1版 第1次印刷
定　　价：68.00 元

華中出版

投稿邮箱：13710226636（微信同号）
本书若有印装质量问题，请向出版社营销中心调换
全国免费服务热线：400-6679-118 竭诚为您服务

前言

近十几年来，笔者常与园艺景观业者引进新品种，并开发原生植物，从事试种、观察、记录、育苗、推广等工作，默默为园艺事业耕耘奋斗：从引种、开发到推广过程，备尝艰辛，鲜为人知，冀望本书能提供最新园艺信息，促使园艺事业更加蓬勃发展，加速推动环保绿化。

本书全套共分10辑，花木的中文名称以一花一名为原则，有些花木的商品名称或俗名也一并列入。花木照片均是实物拍摄，花姿花容跃然纸上，绝不同于坊间翻印本：繁殖方法及栽培重点，均依照风土气候、植物的生长习性、实际栽培管理等作论述：学名是根据中外的园艺学者、专家所公认的名称，再敦请植物分类专家陈德顺先生审订，参考文献达数十种，力求尽善尽美，倘有疏谬之处，期盼先进不吝指正。

本书能顺利出版，得感谢彰化县园艺公会理事长黄辉锭先生、前理事长刘福森先生、北斗花卉中心郑满珠主任、中华盆花协会彰化支会长张名国先生、成和季园艺公司李胜魁、李胜伍先生；合利园艺李有量先生、广裕园胡高荣先生、华丽园艺公司胡高本先生、鸿霖园艺胡高笔先生、改良园胡高伟先生、清高植物公司罗坤龙先生、翡翠园艺胡清扬先生、台大兰园赖本仕先生、花都园艺罗荣守老师、源兴种苗园张济棠先生、玫瑰花推广中心张维斌先生、华阳园装公司林荣森先生、七巧园艺公司李木裕先生、荃泓园艺公司陈金菊小姐、新科园艺林孝泽先生、马来西亚美景花园郑庆森先生、华陶窑陈文辉先生、台湾大学森林系廖日京教授、省立博物馆植物研究组长郑元春先生、东海大学景观系赖明洲教授、章锦瑜教授；嘉义技术学院黄达雄教授、中兴大学蔡建雄教授、傅克昌老师；屏东科技大学农园系颜昌瑞教授、省立淡水商工园艺科张莉莉老师、省立员林农工园艺科宋芬玫老师、农友种苗公司李锦文先生、张隆恩教授、李叡明老师、江茹伶老师、王胜鸿先生、古训铭先生、郑雅芸小姐等协助，在此致万分谢意！

目 录

一年生草花

一年生草花系指从播种、生长、开花、结实到老化死亡，寿命在一年之内的草本花卉，同类植物另有二年生草花，其寿命在两年以内；大多数属一年生草花，二年生草花平地不易开花。一年生草花栽培期间短，通常在 2 ~ 6 个月内开花，开花结实后就会自然死亡，如三色堇、百日草、鸡冠花、爆竹红、孔雀草、大波斯菊、金盏花等。本书几乎包括现有的栽培种类。

一年生草花由于播种季节的不同，分为春播草花及秋播草花。原产热带的植物，性喜高温，适合春季播种，春末至夏季开花，秋季死亡；原产于温带的植物，性喜冷凉或温暖，适合秋季播种，冬至春季开花，夏季便自然死亡，我们不必为它的起死回生大费周章。

论生长习性，一年生草花均属阳性植物，栽培地点必须有充足的阳光，才能正常成长开花；若日照不足，即导致生长不良，徒长而不易开花。

一年生草花的繁殖，均以播种为主，极少数采用扦插法；由于播种是有性繁殖，某些种类的后代会有退化现象 (如万寿菊、矮牵牛、鸡冠花等)，开花品质变劣，如欲获得优良品质，必须再使用杂交第一代 F1 Hybrid 新种子播种。

一年生草花寿命虽短，但开花明艳娇美，可盆栽、切花或花坛美化，在景观上可按季节变化更换种类，带给人们清新、艳丽的视觉享受。

园艺名词注解

· 杂交种——指两个不同亲本杂交所生的植物，不同科的植物并不能杂交。
· 栽培种——指人工栽培而非自然野生的变种。
· 摘 心——把顶芽或枝条的顶梢折断去掉。
· 摘 蕾——把未开花的花蕾摘掉。
· 整 枝——整理枝条，如剪枝、曲枝、刻伤等。
· 剪 叶——把叶片剪掉或摘掉。
· 子 叶——由植物种子胚芽长出的叶。
· 本 叶——种子萌发子叶后，另长出植物本身的叶。
· 雌 花——就是俗称的母花。
· 雄 花——就是俗称的公花。
· 轮 作——轮流栽培作物。
· 连 作——连续栽培作物。
· 好光性——种子发芽时需要光线的习性。
· 嫌光性——种子发芽时不能有光线的习性。
· 直 播——直接在栽培地播种，不育苗移植。
· 直 根——植物根部下端向下直行者。
· 催 芽——用人工方法促进种子提早发芽。
· 间 拔——间隔拔掉，使密度不致太高。
· 移 植——移到另外一个地方种植。
· 假 植——暂时种植，以后还要再移植。
· 定 植——最后固定种植。
· 肥料三要素——指含氮、磷、钾 3 种成分的肥料，如过磷酸石灰、硫酸钾等。
· 有机质——含有生命机能的物质。
· 基 肥——幼苗未种植前，施在土壤中的基本肥料。
· 追 肥——植物生长期间，作促进生长发育的肥料。
· 休眠期——植物本能落叶或停止发育状态。
· 徒 长——生长不正常的发育，枝叶高大但极脆弱。
· 分 化——生物体内的组织，各具生长作用。

生性强健 - **野鸡冠**

Celosia argentea

苋科一年生草本
别名：青葙、草决明
原产地：亚洲、北美洲

野鸡冠是鸡冠花的亲属，外形近似鸡冠花。株高 60 ～ 100 cm，茎叶褐红色，花形火焰状，生性极强健，自生能力很强，全球温暖地区驯化，我国各地均有野生分布，不必特殊管理即能开花，适合庭园点缀、大型盆栽或切花，花期甚长，四季均能开花。

●繁殖：用播种法，春、夏、秋适合播种，发芽适温 20 ～ 30 ℃。直根性可直播。

●栽培重点：任何土质均能成长，排水、日照应良好，生长期间少量补给有机肥料或肥料三要素即可，若生长旺盛，不必施肥。性喜高温耐旱，生长适温 25 ～ 35 ℃。

1 野鸡冠
2 野鸡冠

花团锦簇 - **鸡冠花**

Celosia argentea 'Cristata'
（头状鸡冠花）
Celosia argentea 'Plumosa'
（羽状鸡冠花）

苋科一年生草本
别名：鸡头
原产地：印度

1 头状鸡冠花
2 头状鸡冠花

鸡冠花株高 15 ~ 90 cm，叶绿或褐红互生，广披针形。花顶生，花型有球团状、羽状或枪状。花色有深红、绯红、紫红、黄、白、橙或黄红相间等色，色彩鲜明瑰丽，令人激赏。高性种适合花坛或切花，尤其作大面积密植，艳红花海极为美观。矮性种适合盆栽，花朵硕大，主要花期在夏季，但依栽培时期不同，全年均能开花，花期长达 2 个月以上。

●繁殖：鸡冠花有一特性，繁殖的后代容易退化，杂交第 1 代开花最大也最美，但种子也最少，再播种的第 2 代即变小，且每况愈下，一代不如一代。全年均可播种，但以春、夏季为佳，发芽适温 20 ~ 30 ℃，种子好光性，不需覆土。因属直根性，最好能将种子直接撒播于栽培地使其成长。若先育苗，将种子撒播于疏松土壤，浇水湿润，约经 1 周可发芽，待苗本叶 4 ~ 5 枚时移植，移植要小心，不可切断直根。盆栽每 5 寸[①]盆植 1 株。

●栽培重点：栽培土质以排水良好的肥沃壤土或砂质壤土为佳，日照要充足。定植前土壤混合有机肥料生长更佳。追肥用肥料三要素每月 1 次。性喜高温耐旱，生长适温 20 ~ 35 ℃，夏季高温切忌中午浇水。若在同一地点连作或栽培地过湿，容易引起立枯病或白粉病，导致腐根死亡。

① 本书单位采用习惯表述方式，1 寸约为 3.3 厘米。

病害可用普克菌、亿力、大生防治。虫害用万灵、速灭松等防治。

3 羽状鸡冠花
4 羽状鸡冠花
5 羽状鸡冠花
6 高性种鸡冠花（适合切花作插花材料）

红焰如火 - **雁来红**

Amaranthus tricolor（雁来红）
Amaranthus tricolor 'Tricolor Perfecta'（雁来红“三色”）
Amaranthus tricolor 'Yellow Splender'（雁来红“曙光”）

苋科一年生草本
别名：叶鸡冠、后庭花、老少年、老来娇
原产地：印度

雁来红株高 30 ~ 90 cm，叶互生，卵状披针形或狭长线形，秋、冬季或植株生长成熟后，能自茎顶萌发色彩艳丽的叶片，因此别名为“老来娇”“老少年”。因常在秋季北方大雁南迁时转变为红叶，所以称为“雁来红”。其叶色依品种而异，有绯红、桃红、褐红、黄、金黄等色。花腋生，甚小不明显，种子细小亮黑。花坛成簇栽培景观效果极佳，也适合庭园点缀或大型盆栽。观赏期夏、秋至冬初。

●繁殖：播种法，春、夏为播种适期，种子有嫌光性，发芽适温 25 ~ 30 ℃。由于直根性，最好采用直播。若必须移植，带土团要大些，避免伤害根部，而且以小苗移植为佳。

●栽培重点：栽培土质以富含有机质的壤土或砂质壤土最佳，排水、日照应良好，排水不良或过湿容易腐根，日照不足不易变色。施肥每 20 ~ 30 天施用肥料三要素或豆饼、油粕 1 次，尤其氮肥充足能促进叶色鲜艳。若土质贫瘠又缺肥，生长纤弱叶色不美观。盆栽应使用 7 寸以上大盆，花坛株距 40 cm。主茎是观赏的主要部位，应注意避免折断。生长后期减少水分供给，使土壤干燥，有利茎顶变色。性喜高温耐旱，生长适温 20 ~ 35 ℃。病害用普克菌、亿力、大生等防治。虫害可用扑灭松、速灭精、万灵、好年冬等防治。

1 雁来红
2 雁来红“三色”
3 雁来红“曙光”

栽培容易 - **老枪榖**

Amaranthus caudatus

苋科一年生草本
别名：红苋菜、仙人榖
原产地：亚洲

老枪榖株高 30 ~ 100 cm，植株外形酷似苋菜。花顶生或腋生，穗状绯红色，花期极长，夏至冬初均能开花。品种有花穗直立性或悬垂性，种子可制食品。生性强健，自行繁殖力很强，适合花坛或盆栽。

●繁殖：用播种法，直根性，最好采用直播。春、夏、秋均能播种，发芽适温 25 ~ 30 ℃，整地后撒播种子，5 ~ 8 天发芽。

●栽培重点：栽培土质以壤土最佳，排水、日照应良好。施肥每月 1 次，有机肥料或肥料三要素均佳，若生长旺盛，不施肥也能开花。性喜高温耐旱，生长适温 25 ~ 35 ℃。

1 老枪榖
2 老枪榖

千日红、千日白

Gomphrena globosa（千日红）
Gomphrena globosa 'Compacta'（矮性千日红）
Gomphrena globosa 'Buddy Pink'（千日粉）
Gomphrena globosa 'Alba'(千日白)
Gomphrena porrigens（小千日红）
Gomphrena 'Strawberry Fields'（橙花千日红“草莓田”）

苋科一年生草本
别名：圆仔花
原产地：美洲

千日红株高 20 ~ 60 cm。叶对生，披针形。花顶生于枝条先端，每个球状花由数十至上百朵小花组成，花径约 2 cm。苞片似纸质，可制干燥花，花期特长，生性极强健，为不可多得的美丽草花，俗话说“圆仔花不知丑”实令人叫屈。品种有高性或矮性，花色有紫红、淡红、白、淡橙等色，白花称“千日白”。花期春末、夏、秋季，适合花坛、盆栽、切花、干燥花；人们常用它来作节日花卉，每年七夕情人节，切花颇受欢迎。

●繁殖：播种法，春至秋季为播种适期，种子发芽适温 22 ~ 30 ℃，播种前先吸水，有利发芽。直播或育苗后移植均理想，播种后稍覆盖细土，保持湿度，经 7 ~ 10 天能发芽，待苗本叶 6 枚以上再

1 千日红
2 千日红
3 矮性千日红
4 千日粉

定植。矮性品种由于授粉不完全，发芽率仅 20% ~ 30%。

●栽培重点：栽培土质以富含有机质的砂质壤土最佳，排水应良好，日照要充足，日照不足不易开花或少叶。苗高 15 cm 摘心 1 次，主茎第 1 朵花摘除，能促进其他分枝均衡生长。施肥以肥料三要素或有机肥料，每 20 ~ 30 天施用 1 次。采种甚容易，当花朵 2/3 呈干燥状态时即可采收。性喜高温耐旱，生长适温 15 ~ 30 ℃，在酷热高温的屋顶、阳台仍然生长良好。病害可用普克菌、亿力、大生防治。虫害可用速灭松、万灵、好年冬等防治。

5千日白
6小千日红
7橙花千日红“草莓田”

轻逸娇美 - **凤仙花**

***Impatiens balsamina*（凤仙花）**
***Impatiens balsamina* 'Camellia Flowered'（重瓣凤仙花）**

凤仙花科一年生草本
别名：指甲花、好女儿花
原产地：中国、印度

凤仙花株高 30 ～ 60 cm。茎多肉嫩脆，呈红褐或绿褐色。叶互生，广披针形，叶缘有细锯齿。花开于叶腋，呈假面形，花冠后方有一长距。花色有红、紫红、粉红、橙红、白或复色，花型有单瓣或重瓣，植株有高性或矮性品种。果实纺锤形，成熟时鼓胀成圆形，一经碰触即弹散种子。生性强健，栽培很容易，自生能力很强，种子落地即能再萌芽生长。全年均可开花，适合花坛或盆栽。种子中药称“急性子”，为解毒、通经、催生、祛痰之药。

●繁殖：用播种或扦插法。春、夏、秋季均能播种，但以春季播种最佳，种子发芽适温 20 ～ 30 ℃，将种子撒播于疏松的培养土，浇水保持湿度，经 5 ～ 7 天能发芽，待苗高 10 cm 以上再移植。亦可直播，每穴播种 2 ～ 3 粒，成苗后再间拔。

●栽培重点：任何土壤均能生长，但以壤土或砂质壤土生长最佳，排水、日照应良好，日照不足植株易徒长，开花色淡而疏少。生长期间每 20 ～ 30 天少量施肥 1 次，各种有机肥料或肥料三要素均佳，成株后氮肥要减少，增加磷、钾肥比例能促进多开花；若生长已茂盛，可免施肥，也能开花。性喜高湿耐旱，生长适温 20 ～ 35 ℃。生长期间通风不良又湿热，易生白粉病，可用亿力、白粉克防治。虫害可用速灭松、万灵等防治。

1 凤仙花
2 重瓣凤仙花
3 重瓣凤仙花

紫草科 BORAGINACEAE

刻骨相思 - **勿忘草**

Myosotis silvatica 'Victoria Rose'
（勿忘草“维多利亚玫瑰”）
Myosotis silvatica 'Blue Ball'
（勿忘草“蓝球”）
Myosotis silvatica 'Snowball'
（勿忘草“雪球”）

紫草科一年生草本
别名：相思草、勿忘我、紫草
原产地：世界各地

“勿忘草”是个浪漫的名字，散文家、小说家经常用它来描述男女之间刻骨相思之情。株高 20 ～ 30 cm，叶略皱，长广披针形，全株着生细茸毛。成株分枝极多，花细小，花色因品种之异有蓝、白、粉等色。早春播种春末开花，秋播早春开花，花谢花开，花期甚长，适合花坛栽培或盆栽；通常采用大面积群植为佳，单植有势单力薄之感，盆栽每尺径盆植 3 ～ 5 株。

●繁殖：可用播种法，秋、冬、早春为播种适期，种子发芽适温 15 ～ 22 ℃，种子嫌光性，将种子撒播后要稍加覆土，保持湿度，经 10 ～ 15 日可发芽。待幼苗本叶长 3 ～ 5 枚时移植盆栽或花坛栽培。花坛成簇栽培株距约 35 cm。

●栽培重点：栽培土质要求并不严，只要使用能保持湿度的普通壤土或砂质壤土，生长即能正常。若能使用较大盆钵，数株群植 1 盆，开花时观赏效果更佳。全日照、半日照或稍荫蔽生长均良好。平时要注意灌水，避免干燥，经常保有湿度对生长有助。追肥每月施用肥料三要素或有机肥料 1 次，腐熟豆饼水、鸡粪也是上等肥料。若定植前已在培养土预埋基肥，生长已旺盛，不必再施肥。性喜冷凉，生长适温 10 ～ 20 ℃。

1 勿忘草“维多利亚玫瑰”
2 勿忘草“蓝球”
3 勿忘草“雪球”

提炼精油 - **琉璃苣**

Borago officinalis

紫草科一年生草本
原产地：欧洲、非洲

琉璃苣为香草植物之一，株高 40 ～ 80 cm，全株密生粗毛。叶卵形或披针形，叶面皱缩。春季开花，顶生，小花淡紫色，5 瓣，花姿柔美。适于花坛美化或盆栽，尤适于高冷地栽培。全株具香气，种子可提炼精油、制化妆品。药用可治湿疹、皮肤病。

●繁殖：播种法。平地秋季为适期，高冷地春季为佳。

●栽培重点：栽培土质以腐殖土或砂质壤土为佳。排水、日照应良好，荫蔽处生长不良。生长期间每月施肥 1 次。性喜温暖，忌高温多湿，生长适温 15 ～ 25 ℃。

1 琉璃苣
2 琉璃苣

桔梗科 CAMPANULACEAE

风铃草

Campanula medium

桔梗科一年生草本
原产地：欧洲

风铃草株高 60 ～ 90 cm，茎有棱，全株密被细毛。叶互生，披针形或倒披针状匙形，细锯齿缘。花顶生，花冠钟形，朝天，花色有紫蓝、桃红、白等色，花姿柔美。花期春夏季，适合花坛或切花，为高级花材。

●繁殖：播种法。秋至冬季均可播种，但以秋季为佳。种子发芽适温 15 ～ 20 ℃。

●栽培重点：栽培土质以砂质壤土最佳，排水、日照应良好。追肥每月施用一次，有机肥料或肥料三要素均佳。切花栽培需立支柱或架设尼龙网，固定植株防止倒伏。性喜冷凉至温暖，生长适温 10 ～ 25 ℃。

1 风铃草“第一紫”
2 风铃草“美桃”
3 风铃草“蓝天”
4 风铃草

垂钟花

Campanula cespitosa

桔梗科一年生草本
原产地：欧洲

垂钟花原为宿根草花，但因气候条件的限制，通常均视为一年生草花栽培。株高 20 ~ 40 cm，茎有棱，全株密被细毛。叶互生，倒披针形或长卵形，叶缘有细锯齿。花顶生，花冠钟形，下垂，紫蓝色，花姿幽雅。花期春季，适合花坛或盆栽。

●繁殖：播种法。秋至冬季均可播种，但以秋季为佳。种子发芽适温 15 ~ 20 ℃。

●栽培重点：栽培土质以砂质壤土为佳，排水、日照应良好。盆栽每 5 寸盆可植一株，追肥每月一次。性喜冷凉至温暖，忌高温多湿，生长适温 10 ~ 25 ℃。

垂钟花“伊莎贝拉”

杯花风铃草

Campanula carpatica

桔梗科一年生草本
原产地；匈牙利

杯花风铃草植株低矮，高 15 ~ 25 cm，全株密被细毛。叶卵形，具长柄，叶缘皱折卷曲。冬至春季开花，顶生，花冠杯形，先端 5 裂，裂片先端突尖，紫色，花姿华贵。适合花坛或小盆栽，高冷地栽培生长良好。

●繁殖：播种法，秋至冬季为适期，发芽适温 15 ~ 20 ℃。种子细小，混合细砂后再播种。

●栽培重点：栽培土质以富含有机质的腐殖土或砂质壤土最佳。排水、日照应良好。幼苗生长期间每月施肥 1 次。性喜冷凉至温暖，忌高温多湿，生长适温 12 ~ 25 ℃。

杯花风铃草

轻盈有姿 - **醉蝶花**

Cleome spinosa（醉蝶花）
Cleome spinosa 'Rose Queen'
（醉蝶花“玫瑰皇后”）
Cleome spinosa 'White Butterfly'
（醉蝶花“白蝶”）

白花菜科一年生草本
别名：西洋白花菜、玫瑰皇后、白蝶
原产地：美洲

醉蝶花株高 80 ~ 100 cm，全株茎叶长满茸毛。掌状复叶，小叶 5 ~ 7 枚。花顶生，密集成团，无限花序由下往上逐渐绽放，花瓣 4 枚，具微芳香。花后立即结成针状蒴果，成熟后易裂开，散落种子。花色因品种而异，有白、粉红、紫红等色，盛开时迎风摇曳，轻盈有姿。花期初夏至冬季，适合花坛或大型盆栽。

●繁殖：用播种法，春、夏、秋均能播种，发芽适温 20 ~ 30 ℃，播种后 1 ~ 2 周能发芽，苗高 10 ~ 15 cm 再移植栽培，由于植株高大，盆栽宜用 8 寸以上大盆，盆钵大土壤多，有利生长和开花。

●栽培重点：生性强健，容易开花。栽培土质以肥沃壤土或砂质壤土为佳，排水、日照应良好。移植生长安定后，即可使用肥料三要素或有机肥料追肥，此时并摘心 1 次，促使分生侧芽，能多开花。由于花期极长，因此生长期或开花期每 20 ~ 30 天都要少量补给肥料肥料三要素 1 次。平时培养土要适当湿润，干旱花瓣容易萎凋。种子成熟蒴果会裂开，应适时采收，若不留收种子，将过于伸长老化的花茎剪除，补给肥料后，能促进其他分枝生长开花。性喜温暖至高温，生长适温 15 ~ 30 ℃。通风不良常发生白粉病，可用可利生、白粉克防治。虫害常有绿色蛾类幼虫吃食花叶，可用速灭精、速灭松、万灵等杀虫剂防治。

1 醉蝶花
2 醉蝶花“玫瑰皇后”
3 醉蝶花“白蝶”

鲜艳娇美 - **五彩石竹**

***Dianthus × hybridus*（五彩石竹）**
***Dianthus × hybridus* 'Flora-Plenus'（重瓣五彩石竹）**

石竹科一年生草本
别名：石竹、洛阳花、剪绒化
原产地：中国、韩国

五彩石竹株高 10 ～ 20 cm，茎枝纤细。叶狭长披针形或线形，花顶生或腋生，花型有单瓣或重瓣，花色变化繁富，鲜艳娇美而持久，颇受喜爱。花期冬至夏季，适合花坛或盆栽。五彩石竹系原产中国的石竹类，园艺栽培另有矮性三寸石竹、五寸石竹，都是五彩石竹的杂交改良种，为花坛优美的草花，大面积成簇栽培，可构成五彩缤纷、悦目非凡的景观。

1 五彩石竹
2 五彩石竹
3 重瓣五彩石竹

●繁殖：可用播种或扦插法，但以播种为主，秋、冬、早春为适期，秋冬播种春季开花。早春播种初夏开花，唯此时夏季多雨酷热，花期较短。播种以床播或盆播均理想，发芽适温 15 ～ 20 ℃，播种 1 周内可发芽，待幼苗高 5 cm 以上移植。

●栽培重点：栽培土质以排水良好富含有机质的砂质壤土最佳，全日照或半日照均理想，日照良好生长较旺盛。盆栽每 6 寸盆植 1 株。苗定植成活后行摘心 1 次，促使多分侧芽，可多开花。施肥肥料三要素、堆肥、天然肥均佳，每月施用 1 次。灌水力求排水良好，尤其盆栽勿任其滞水而导致根部腐烂。成株后若主茎长高先结蕾，应加以摘除，促使其他侧枝生长整齐。花谢后剪除残花，再补给肥料，能促进再继续开花。性耐寒，忌高温多湿，生长适温 10 ～ 25 ℃。病害用普克菌、亿力防治。虫害用速灭松、万灵防治。

赏心悦目 - **日本石竹**

Dianthus japonicus

石竹科一年生草本
原产地：中国、日本

日本石竹株高 40 ～ 80 cm，叶椭圆形或披针形，对生，质厚富光泽，茎节明显。其特色即花茎长，花萼以下的叶片呈线形，且密集成团包围着每一朵小花，盛开时枝梢小花密布，极为赏心悦目。花期春季，花期甚长，每朵小花均极持久，可切花作插花材料。植株盆栽或露地栽培均理想，盆栽最好能用 7 寸以上大盆，以利生长。

●繁殖：可用播种或扦插法，但平地栽培均以播种为主，发芽适温 15 ～ 20 ℃。秋冬播种，春季开花。早春播种，春末开花。播种土壤以排水良好的砂质壤土最理想。播种成苗本叶 6 ～ 8 枚以上再移植露地或盆栽。露地栽培茎枝能扩展 60 cm 以上，定植株距要宽大，50 ～ 60 cm 以上为宜，盆栽每 7 寸盆植 1 株。

●栽培重点：栽培土质肥沃富含有机质的壤土为佳，排水应良好。成长后能自然分枝，成功栽培，每支分枝均能开花，唯主枝必先开花，开花后需将主枝剪除，以促使分枝的花芽发生。栽培处日光照射需良好。施肥用有机肥料混合土壤或埋入土中作基肥，每月再使用肥料三要素追肥 1 次。性至强健，栽培容易，喜温暖，忌高温多湿，生长适温 15 ～ 25 ℃。病害可用普克菌、大生防治。虫害用速灭松、万灵防治。

1 日本石竹
2 日本石竹
3 日本石竹

花姿明艳 - **美国石竹**
Dianthus barbatus

石竹科一年生草本
别名：十样锦、洋石竹、美女抚子
原产地：欧洲、亚洲

美国石竹株高 15 ~ 30 cm，叶灰绿或褐绿，狭线形，成株丛生状，春季自叶丛中抽出花茎，花梗长 15 ~ 20 cm，质硬，顶端绽开一至数朵单瓣花，外形酷似康乃馨，花姿明艳，可切花作插花材料。石竹类花卉极多，但大多数不能作切花，但本种花茎粗长坚硬，可作切花，为一大特色，除花坛露地栽培外，亦适于盆栽。

●**繁殖**：用播种及扦插法。早春、秋、冬季为播种适期，种子发芽适温 15 ~ 20 ℃，播种土质以砂质壤土为佳。成苗后高 4 ~ 5 cm 再移植。

●**栽培重点**：栽培土质以肥沃，富含有机质的壤土或砂质壤土为佳。排水及日照应良好，半日照之处生长亦理想，若栽培处过于阴暗，则植株易徒长，甚至不易开花。施肥以肥料三要素或各种有机肥料每月施用 1 次，施用时不宜靠近根部，以防肥害，盆栽每 8 寸盆植 1 株，盆底排水力求良好。花谢后若不留收种子，可将花茎剪除减少养分消耗，能促使其他的花蕾开花。梅雨期应设法避雨，防止过湿而腐根。成株后或在春至夏季能长出许多侧芽，亦可剪取侧芽扦插于湿润土壤，可育新苗。性喜温暖，生长适温 15 ~ 25 ℃。

1 美国石竹
2 美国石竹
3 美国石竹
4 美国石竹

梅花石竹

Lychnis coeli-rose 'Loyalty'

石竹科一年生草本
别名：鞠翠花
原产地：欧洲、非洲加那利群岛

梅花石竹

株高 30 ～ 70 cm，茎极纤细，密生细茸毛；叶窄披针形至线形，淡银绿色。花顶生或腋出，花梗细长，花瓣 5 片，花色有粉红、桃红、淡紫等色。春季开花，花姿娇柔妩媚。适于花坛美化或盆栽。

●繁殖：播种法。秋、冬季为播种适期，发芽适温 15 ～ 20 ℃。

●栽培重点：栽培土质以中性至微碱性的砂质壤土为佳。枝条纤细，栽培处宜择避风的地点，防止折枝。花期长，生长和开花期间约每月施肥 1 次。性喜冷凉、湿润、向阳之地，生长适温 10 ～ 20 ℃，日照 80% ～ 100%。耐寒不耐热，忌高温乍热或土壤长期潮湿。

花似缎带 - 麦秆石竹

Lychnis githago

石竹科一年生草本
别名：麦仙翁
原产地：欧洲

麦秆石竹

麦秆石竹株高 30 ～ 50 cm，茎枝极纤细，叶银绿色，对生，狭长似针形，茎叶密生白色茸毛。花顶生或叶腋出，5 瓣，色桃红而带有纵纹，近中心色渐淡，层次柔和，姿态婀娜妩媚，乍看之下酷似人工编制的缎带花，几可“以真乱假”，令人赞赏称趣，花期春季。由于枝条过于纤细，不耐强风，因此不利于花坛栽培，多适合盆栽或切花。

●繁殖：由于性喜冷凉的环境，较适合山区栽培，中、北部平地栽培尚佳，南部气温较高不利开花。秋、冬季为播种适期，但以秋季为佳，种子发芽适温 15 ～ 20 ℃，种子播种后经 6 ～ 10 天萌芽，待幼苗本叶 6 ～ 8 枚再移植盆栽或花圃。盆栽 4 ～ 5 寸盆 1 株，花圃株距 20 ～ 30 cm。

●栽培重点：栽培土质以肥沃富含有机质的砂质壤土最佳，排水及日照应良好。苗高约 15 cm 摘心 1 次，促使多分枝。定植生长安定后即施用追肥，每个月施用 1 次，肥料三要素或腐熟天然肥均佳。生长适温 10 ～ 20 ℃，梅雨长期潮湿，极易导致枯萎或腐根，必须注意防患，以遮光网遮阴降温或将盆栽移置避雨处。因枝条纤细遇强风易折枝，栽培处宜择避风的地点，盆栽需立支柱扶持；切花栽培宜架设尼龙网，使茎枝自网中伸出，防止折枝。

矮雪轮、高雪轮

Silene pendula（矮雪轮）
Silene armeria（高雪轮）

石竹科一年生草本
别名：
矮雪轮又名大蔓樱草、囊抚子、白玉草
高雪轮又名美人草、捕虫瞿麦、捕虫抚子、小町草
原产地：欧洲中南部

矮雪轮、高雪轮为同属异种。矮雪轮植株高 10 ～ 15 cm，成株丛生状，花腋生。高雪轮高 30 ～ 60 cm，花顶生，小花密集成团，花色有桃红、白、浓红等色，其生态奇异，花茎节下方能分泌特殊黏液，小虫接触即被粘住，因此又名“捕虫瞿麦”，但并非“食虫”植物。花期春季，极适合花坛栽培或盆栽，尤其近海砂地生长亦理想。

●繁殖：用播种法，早春及秋、冬季为适期，发芽适温 15 ～ 20 ℃，种子播种后覆盖细土 0.2 cm，保持湿度，约经 1 周可发芽，待苗本叶 4 ～ 6 枚以上再移植。亦可直播，将种子直接撒播于栽培地，成苗后再间拔。花坛株距 20 ～ 30 cm，盆栽 4 ～ 5 寸盆 1 株。

●栽培重点：栽培土质以排水通气良好的砂质壤土为佳，全日照、半日照均理想，荫蔽处生长不良。高雪轮苗定植成活后必须摘心 1 次，促使多分枝，矮化植株，并可多开花；摘心后随即施用腐熟有机肥或肥料三要素追肥 1 次，此后每隔 25 天再少量施用肥料三要素 1 次。平时培养土保持湿度，切忌滞水不退，排水不良根部易腐烂。性耐寒耐旱，喜温暖而忌高温多湿，生长适温 15 ～ 25 ℃。春播的幼株，生长期气温渐高，应注意防患乍热引起枯萎，必要时加以遮阴或将盆栽暂移阴凉处。植株过分伸长易倒伏，应设支柱扶持。

1 矮雪轮
2 高雪轮

温婉柔美 - 麦蓝菜
Vaccaria segetalis

石竹科一年生草本
原产地：欧洲

麦蓝菜株高 50 ～ 70 cm，叶对生，披针形，无柄或具短柄，灰绿色。成株分枝性极强，枝条纤细而柔软。春末自分歧的枝条先端绽开粉红色小花，5 瓣，均匀散布于枝条之间，形态酷似满天星，柔美而可爱。花期甚长，持续 1 ～ 2 个月。适合花坛、盆栽或切花。园艺品种花色另有白、桃红或大轮品种。

●繁殖：播种法，秋、冬为播种适期，种子发芽适温 15 ～ 20 ℃。将种子浅播入土，覆土约 0.2 cm，保持适当的湿度，经 1 ～ 2 周可发芽。当本叶 2 ～ 3 枚时移植于小盆中培养，待本叶有 7 ～ 8 枚再行定植。盆栽宜用 8 寸以上大盆，花坛株距 30 ～ 40 cm。

●栽培重点：栽培土质以砂质壤土为佳，排水及日照应良好。定植成活后摘心 1 次，促使分枝。此后每月使用少量肥料三要素追肥，促进快速成长；肥料成分要注意比例，多施用磷、钾肥有助于开花，若施用氮肥过量，仅能促使枝叶繁盛，反而开花少，甚至引起花茎倒伏。性喜冷凉，生长适温 10 ～ 20 ℃，春末以后温度逐渐提高，必须留意午热的西南气流，会引起叶片枯萎。若逢梅雨季节，应注意排水，切忌滞水不退而导致根部腐烂。生长后期稍干燥有利开花。病害可使用亿力防治，虫害可用扑灭松、马拉松、好年冬等防治。

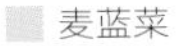麦蓝菜

藜科 CHENOPODIACEAE

艳红绮丽 - **红柄菾菜**

Beta vulgaris cv. 'Dracaenifolia'

藜科一年生草本
别名：甜菜、红加茉菜
原产地：欧洲

红柄菾菜株高 30 ～ 40 cm，它是蔬菜的 1 种，菜柄及叶脉艳红绮丽，与绿色叶片相互对比，颇为出色，适合丛植点缀或盆栽，观赏期自播种后第 3 ～ 5 个月，秋播至冬至春季为观赏适期。

●繁殖：用播种法，秋、冬、早春为播种适期，种子发芽适温 15 ～ 20 ℃。种子甚大，播种前先浸水 3 ～ 5 个小时，再点播于疏松培养土中，覆土约 0.5 cm，保持适润，经 8 ～ 14 天能发芽，待苗本叶 3 ～ 5 枚时再移植栽培。另亦可采用直播法，直接将种子播入盆中，每 6 寸盆播 1 ～ 3 粒，成苗后保留 1 株。花坛株距 30 ～ 40 cm。

●栽培重点：栽培土质以肥沃富含有机质的壤土为佳，排水、日照、通风应良好，日照不足、排水不良容易造成根部腐烂，过度密植、通风不良容易引起病虫害。追肥可使用各种有机肥料或肥料三要素，每 20 ～ 30 天施用 1 次；提高氮肥比例，能促进叶色浓艳美观。生长后期，下部老化叶片会有凋黄现象，应随时摘除。性喜温暖，生长适温 15 ～ 25 ℃，春末以后气温渐提高，尽量保持通风凉爽，可延长观赏期，若能顺利越夏，秋天即能抽苔开花结籽。病害可用普克菌、亿力、大生等防治，虫害可用万灵、速灭松等防治。

1
2 3 4

1 红柄菾菜
2 绿彩菾菜（栽培种）*Beta vulgaris 'Virens'*
3 黄彩菾菜（栽培种）*Beta vulgaris 'Aurantius'*
4 红彩菾菜（栽培种）*Beta vulgaris 'Rubellinus'*

插花材料 - **红心藜**

Chenopodium formosanum

藜科一年生草本
别名：台湾藜
原产地：中国

红心藜株高 1 ～ 2 m，茎紫红色或有红色纵纹。叶互生，三角状椭圆形或三角状狭卵形，先端钝，叶缘呈不规则深波状，齿牙缘。春至夏季开花结实，顶生，果实穗状下垂，果实串长可达 1 m，有红、橙红、紫红色等，极为舒雅。适合庭园栽植或作插花材料，种子可食用。

●繁殖：用播种法，春季为适期。种子发芽适温 20 ～ 25 ℃。

●栽培重点：栽培土质以壤土或砂质壤为佳，日照、排水应良好，茎枝嫩脆，极易折断或倒伏，栽培地点应避风。性喜暖，生长适温 20 ～ 25 ℃。

1 红心藜
2 红心藜

菊科 COMPOSITAE

娇柔可爱 - **雏菊**

Bellis perennis

菊科一年生草本
别名：延命菊
原产地：西欧

雏菊植株低矮，高 10 ~ 15 cm，叶匙形，叶缘有锯齿。花色有白、粉红、朱红、暗红等色，花型有球状及管状花，并有单瓣或重瓣之分。冬末至春季开花不断，盆栽或花坛栽培甚为理想。

●繁殖：性喜冷凉，对于高温环境适应性差，平地必须在秋季 9 ~ 10 月播种，经栽培后在早春开花。高冷地除秋播外，另可在春季播种，经栽培后约在初夏开花。

种子发芽适温 15 ~ 20 ℃，将种子均匀撒播于疏松肥沃的土壤，种子好光，不可覆盖，置于日照 60% ~ 70% 阴凉处，保持湿度，约经 10 天发芽，待苗本叶 3 ~ 5 枚时移植盆栽或花坛。盆栽每 4 ~ 5 寸盆植 1 株，花坛株距 15 ~ 20 cm。

●栽培重点：栽培土质用肥沃富含有机质的壤土或砂质壤土，盆土或花坛整地最好预先混合有机肥料作基肥。栽培处排水及通风应良好，全日照或半日照均理想，日照不足植株易徒长，开花不良。盆栽平常注意灌水，保持土壤湿度。定植成活后即施用肥料三要素 1 次作追肥，肥料的比例以磷、钾肥稍多为宜，若氮肥过多，仅能促使叶片繁盛，反而不利开花。生长期间若有高温乍热，必须设法避之，否则导致枯萎死亡。生长适温 5 ~ 25 ℃。病害可用普克菌、亿力、大生等防治，虫害用速灭精、万灵、好年冬等防治。

1 2 3
1 雏菊
2 雏菊（栽培种）*Bellis perennis* 'Yao Etna'
3 雏菊（栽培种）*Bellis perennis* 'Tasso'

鲜丽显目 - **红花**

Carthamus tinctorius

菊科一年生草本
别名：红蓝花
原产地：中欧、埃及

红花株高 50 ~ 90 cm，主茎挺直而坚硬，自然分枝不多，开花结蕾时始见分枝。叶互生，椭圆状倒卵形，先端尖，叶背浅缘而主脉凸出。叶缘有尖锐细锯齿似针刺状。秋季播种冬季开花，早春播种春末开花。花自顶生，萼片紧密，包裹呈圆锥状，顶尖，并着生小苞叶，花瓣纤细如丝，色由黄渐转橙红至绯红，鲜丽显目，高雅特殊，适合花坛、盆栽、切花或药用栽培；切花若含苞未开，可摘除紧密的萼片，促使花瓣迅速伸长。

●繁殖：用播种法，秋、冬、早春均可播种，发芽适温 18 ~ 22 ℃，新鲜种子发芽率极高，种子甚大，播种后稍覆细土，保持湿度，约经 1 周可发芽成苗。由于红花属直根性，主根直长，不耐移植，因此最好采用直播。若必要作移植，应趁幼苗本叶 2 ~ 3 枚时适时移植，掘土要深，避免伤根。

●栽培重点：栽培土质以肥沃的砂质壤土最佳，排水应良好，全日照、半日照均理想。苗高 15 cm 左右摘心 1 次，促使多分侧枝，可多开花。追肥每月施用肥料三要素 1 次，平时培养土应保持湿度，盆栽每 6 寸盆植 1 株。生性强健，成长速度极快，春播从播种到开花仅需 3 个多月，生长适温 15 ~ 30 ℃。病害可用大生、亿力防治，虫害可用速灭松、万灵等防治。

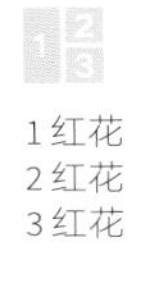

1 红花
2 红花
3 红花

娇美妍丽 - **翠菊**

Callistephus chinensis

菊科一年生草本
别名：蓝菊、云南菊仔
原产地：中国

翠菊株高 15 ~ 70 cm，茎叶有刚毛。叶卵形，叶缘有锯齿。花顶生，有高、中、矮性，花形单瓣或重瓣，花色有红、绯红、桃红、紫红、紫、白等色，娇柔艳丽令人激赏。高性品种适合切花，中、矮性可盆栽或花坛栽培，主要花期春季。

●繁殖：播种法，全年均可播种，但切花栽培平地以秋季 8 ~ 9 月间播种为佳，若过于迟播，则因冬季日照不足，致使花茎短矮，只适合盆栽，不适合切花。生长适温 20 ~ 25 ℃，低于 22 ℃主茎难以伸长，反之易徒长。种子发芽适温 18 ~ 25 ℃，将种子撒播于日照充足、排水良好的疏松砂质壤土，经 3 ~ 6 天可发芽，待本叶 6 ~ 8 枚再移植盆栽或花坛。盆栽每 5 寸盆植 1 株，花坛株距 20 ~ 30 cm。

●栽培重点：土质用肥沃壤土为佳，排水、日照力求良好。定植前土中预先混合有机肥料作基肥。定植成活后摘心 1 次，促使多分侧枝，可多开花。生长期间每月追肥 1 次，各种有机肥料或肥料三要素均可。性喜长日照，每日有 15 小时最理想，切花栽培必要时用电灯每晚补充照明 2 ~ 4 个小时，至植株高度有 30 cm 以上才停止。种子寿命极短，经过 1 年只存 50% 发芽力，超过 2 年完全丧失，必须注意贮藏时效。

1 翠菊
2 翠菊“明紫色”（栽培种）*Callistephus chinensis* 'Top Purple'
3 翠菊“桃色”（栽培种）*Callistephus chinensis* 'Pink'

耀眼显目 - **金盏花**

Calendula officinalis

菊科一年生草本
别名：金盏菊
原产地：欧洲

1 金盏花“柠檬皇后”（栽培种）*Calendula officinalis* 'Lemon Queen'
2 金盏花“艾丽斯”（栽培种）*Calendula officinalis* 'Alice Orange'

金盏花株高 20 ~ 50 cm，叶长椭圆形，互生。花色有金黄、橙黄或中心赤褐色的杂交品种，色彩鲜明，亮丽耀眼。花形有单瓣或重瓣花，花期冬至春季，适合盆栽或花坛美化。

●繁殖：用播种法，秋、冬、早春均适合播种。发芽适温 15 ~ 22 ℃。将种子点播或撒播于疏松土壤，覆盖细土少许，浇水保持湿润，约经 1 周能发芽。若幼苗过于密集，必须间拔，拔除弱小苗，保留健壮苗，株距保持 3 ~ 5 cm，待苗高 8 ~ 10 cm 再移植于花坛或盆栽。育苗期间需少量补给肥料三要素稀液，促进生长。

●栽培重点：栽培土质以肥沃壤土或砂质壤土为佳，排水应良好。盆栽每 5 寸盆可植 1 株。全日照、半日照均理想，日照不足易徒长，开花不良。定植前培养土最好用少量磷肥（过磷酸钙）混合作基肥，能促进开花。花期长，生长或开花期间每 20 ~ 30 天，少量施用肥料三要素追肥 1 次；若枝叶已旺盛，需比例减少氮肥，否则不利开花。苗高 15 cm 摘心 1 次，可促使多开花；若欲使花朵硕大，则将侧芽摘除，促进顶芽的花蕾充分发育。若不留种，花谢后立即剪除残花，可续抽新芽开花。性喜温暖，忌高温多湿，生长适温 15 ~ 25 ℃。病害可用普克菌、亿力、大生等防治。虫害用速灭松、万灵或速灭精等防治。

蛇目菊、金鸡菊

Coreopsis tinctoria（蛇目菊）
Coreopsis basalis（金鸡菊）

菊科一年生草本
别名：波斯菊
原产地：北美洲

蛇目菊、金鸡菊为同属异种植物。同类植物有大金鸡菊，花形近似。蛇目菊与金鸡菊高 2 ~ 4 尺，叶羽状复叶，枝条细致，成株分枝多，花瓣鲜黄明耀，中央筒状花冠紫褐，周围具星状赤色环纹，多花性，盛开时一片花海，美不胜收。此二花乍看极为相似，分别之处即蛇目菊没有明显的羽状叶，花朵朝天向上，花瓣疏；金鸡菊羽状叶明显，花瓣密集，花冠较圆，赤色星状环纹鲜明，且花蕾或谢花具有刺状萼片。花期春至夏季，适合花坛或盆栽。生性极强健，栽培容易，为花坛好材料。

●繁殖：用播种法，早春、秋或冬季均适宜播种，发芽适温 15 ~ 20 ℃，种子好光，6 ~ 8 天发芽，苗高 10 ~ 15 cm 再移植。亦可采用直播法，将种子直接播种于栽培地，发芽成苗后再间拔，不作移植。盆栽每 5 寸盆植 1 ~ 3 株，花坛株距 20 ~ 30 cm。

●栽培重点：栽培土质以排水良好，富含有机质的壤土最佳，全日照、半日照均理想，日照充足开花繁盛，荫蔽处开花疏少。施肥约每月 1 次，各种有机肥料或肥料三要素均佳；若生长已旺盛，则免施肥，尤其氮肥过多反而不利开花。生长期及开花期均应补给水分，勿任其干旱。性喜温暖，忌高温，生长适温 15 ~ 25 ℃。病害用普克菌防治。

1 2
3

1 蛇目菊
2 蛇目菊
3 金鸡菊

大花金鸡菊

Coreopsitae Asteraceae

菊科一年生草本
原产：北美洲

大花金鸡菊原是多年生草本，常作一年生栽培。株高 30 ~ 60 cm，地下茎肥大；叶线状披针形至长椭圆形，单生或3深裂，叶缘具柔毛。春至夏季开花，头状花序顶生，萼片大而质硬，舌状花黄色，中央花盘橙黄色，花姿明艳耀目，适合花坛美化或盆栽。园艺栽培种有太阳婴儿、朝阳等。

●繁殖：播种法，秋、冬、早春为适期，种子发芽适温 15 ~ 20 ℃。

●栽培重点：栽培土质以腐殖土或砂质壤土为佳。生长期间施用肥料三要素追肥 2 ~ 3 次。性喜温暖、湿润、向阳之地，生长适温 15 ~ 25 ℃，日照 70% ~ 100%，日照不足植株容易徒长，开花不良。生长期间避免高温炎热，培养土保持湿润。若茎叶生长旺盛，应减少氮肥有利开花。

1 大花金鸡菊“太阳婴儿”（栽培种）*Coreopsis grandiflora* 'Sun Baby'
2 大花金鸡菊“朝阳”（栽培种）*Coreopsis grandiflora* 'Rising Sun'

柔美脱俗 - **矢车菊**

Centaurea cyanus（矢车菊）
Centaurea moschata（香矢车菊）

菊科一年生草本
别名：翠蓝、蓝芙蓉
原产地：欧洲

1
2

1 矢车菊
2 香矢车菊

矢车菊株高约 30 cm，叶互生，线状披针形，有绵毛。品种有高性或矮性，芳香而清雅。园艺品种分为矢车菊和香矢车菊两大品系，后者具有香味，花瓣细裂似羽毛状，甚为雅致。花期春季，花谢花开甚为持久，花姿花色妍丽明艳，是插花的好材料，亦适合盆栽或花坛栽培。(照片中紫花是矢车菊，红花及黄花是香矢车菊)

●繁殖：用播种法，秋、冬季为播种适期，春季以后温度渐高，不利开花。种子发芽适温 15 ~ 20 ℃。将种子撒播于碎松的土壤，覆土厚度约 0.2 cm，浇水保持湿度，经 8 ~ 15 天可发芽。待幼苗本叶 6 ~ 7 枚再移植，盆栽每 4 ~ 5 寸栽植 1 株。

●栽培重点：栽培土质以肥沃的砂质壤土为佳，排水力求良好。栽培处通风、日照应良好。幼苗定植成活后，摘心 1 次，促使多分侧枝，能多开花；反之分枝过多，必要时摘去部分侧芽，可获得较大的花朵。生长期间每月施用腐熟有机肥料或肥料三要素追肥 1 次；若叶片已繁盛，应减少氮肥，因氮肥过多，仅能促使叶片繁茂，反而开花小，磷、钾肥略多，有利开花。平时培养土需保持适润。矢车菊为长日性植物，冬季昼短夜长，夜间使用电灯补充照明，可提前开花。性喜冷凉，忌高温多湿或长期淋雨，生长适温 15 ~ 20 ℃。

柔情万千 - **大波斯菊**

Cosmos bipinnatus

菊科一年生草本
别名：秋樱
原产地：墨西哥

大波斯菊株高 50 ~ 80 cm。叶互生，2 回羽状复叶，小叶纤细呈线形。花顶生或腋生，花茎细长，舌状花瓣，中心筒状，呈黄色，花型有单瓣或重瓣，花色有白、黄、桃红、紫红或复色等，花姿柔美可爱，风韵撩人，大面积栽培，盛开时花海一片，颇富诗意。自行繁殖力很强，成熟种子落地能再成长开花。若能控制施肥量，从播种到开花只需 40 ~ 50 天。花期秋末至春季，适合花坛或盆栽；另有切花品种，花梗较粗，吸水性较好。

●繁殖：播种法，秋、冬、早春均适合播种，发芽适温 18 ~ 25 ℃。播种可使用直播，将种子直接撒播在栽培地，成苗后再间拔；亦可先在苗床育苗，苗高 10 ~ 15 cm 再移植栽培。春季不宜太晚播种，因夏季温度高又梅雨多湿，容易导致营养生长而不易开花，必须越过夏季，到了秋季气温降低才能开花，如此徒增管理时间和成本。重瓣种可用扦插育苗。

●栽培重点：栽培土质以壤土或砂质壤土最佳，排水、日照应良好。其特性为吸肥力强，土质太肥沃或施用氮肥过多，生长旺盛，不利开花；反之，土壤太贫瘠，生长纤弱，高度仅 10 余厘米即结蕾开花。因此施肥量要控制，若生长已旺盛就不宜再施肥。性喜温暖，生长适温 10 ~ 25 ℃。栽培地要避强风，病害用普克菌、大生防治，虫害用速灭松、万灵防治。

1 大波斯菊
2 大波斯菊“纹瓣”（栽培种）*Cosmos bipinnatus* 'Akatsuki'
3 大波斯菊“海螺”（栽培种）*Cosmos bipinnatus* 'Sea Shells'

开花不绝 - **黄波斯菊**

Cosmos sulfureus

菊科一年生草本
原产地：墨西哥、巴西

1 黄波斯菊
2 黄波斯菊（栽培种）*Cosmos sulfureus* 'Road Yellow'

黄波斯菊株高 20 ~ 60 cm，2 回羽状复叶，花黄色或斑入橙黄色。分枝多，每 1 枝条均能开花，花谢花开花期持久，盛开的花朵金黄耀眼，临风摇曳，殊为悦目；尤其花坛成簇栽培，金黄花海，美丽非凡。适合花台、花坛或盆栽，生性强健，容易栽培，不需特殊管理即能开花，很受喜爱。全年均可栽培，全年可见花，开花结籽后，种子成熟常会掉落地面，经发芽后再成长，延绵持续开花。

●繁殖：用播种法，全年均可播种，种子发芽适温 15 ~ 25 ℃，将种子撒播于碎松的土壤中，覆盖细土约 0.2 cm，浇水保持湿度，经 4 ~ 7 天可发芽，待幼苗本叶 4 ~ 6 枚时移植栽培。亦可采用直播法，成苗后再间拔。盆栽每 5 寸盆植 1 株，花坛栽培株距 30 ~ 50 cm。

●栽培重点：不易结硬的土壤均能成长，但以肥沃砂质壤土为佳，排水、日照应良好，荫蔽处易徒长开花不良。苗高 10 cm 摘心 1 次，促使多分侧枝，能多开花。花期长，生长或开花期间，以天然肥或肥料三要素每隔 20 ~ 30 天施用 1 次。种子成熟呈褐色，应适时采收，否则易自行散落，若不留收种子，将残花摘除，可促使新的花芽产生。性喜温暖或高温，也甚耐旱，生长适温 15 ~ 35 ℃。病害用大生防治，虫害用万灵或速灭松防治。

白晶菊、黄晶菊

Chrysanthemum paludosum
（白晶菊）
Chrysanthemum multicaule
（黄晶菊）

菊科一年生草本
别名：春俏菊
原产地：
白晶菊：非洲、西班牙
黄晶菊：阿尔及利亚

白晶菊与黄晶菊为同属异种植物，株高约 10 cm。叶羽状浅裂或深裂，花顶生，花径 2 ~ 3 cm，花瓣纯白或鲜黄，中心浓黄色，成簇栽培，殊为高雅脱俗。花期极长，花谢花开，可维持 2 ~ 3 个月，适合花坛美化或小盆栽，花期早春至春末。

●繁殖：用播种法，平地秋、冬季为播种适期，高冷地亦可春播，种子发芽适温 15 ~ 20 ℃。将种子混合少量细砂或培养土，再均匀撒播于苗床上，上面覆土少许，保持湿度，经 5 ~ 8 天能发芽。成苗后略加追肥，促使幼苗健壮，待本叶有 5 ~ 7 枚时移植花坛或盆栽。花坛大面积栽培亦可采用直播法，先行整地，预埋基肥，再将种子撒播于土面，待成苗后视株距作移植或间拔。盆栽每 5 寸盆植 1 株，花坛株距 15 ~ 20 cm。

●栽培重点：栽培土质以肥沃富含有机质的壤土或砂质壤土最佳，排水、日照应良好，日照不足开花不良。由于花期长，生长或开花期间每 20 ~ 30 天追肥 1 次，各种有机肥或肥料三要素均理想。平时培养土要保持湿润，干旱生长不佳。花谢后立即剪除残花，可促使新芽产生再开花。性喜温暖，忌高温多湿，生长适温 15 ~ 25 ℃，梅雨季节注意避免长期潮湿，可延长花期。病害可用普克菌、大生等防治，虫害可用速灭松、万灵等防治。

1 2
1 白晶菊
2 黄晶菊

婉妍柔美 - **缨绒花**

Emilia javanica

菊科一年生草本
别名：绢房花、牛石花、帚笔菊
原产地：非洲

缨绒花株高 20 ~ 40 cm，叶披针形，茎落均有茸毛，叶缘有细锯齿。花顶生，盛开时小花摇曳生姿，甚为柔美可爱。花期冬至春末，适合花坛或盆栽。

●繁殖：播种法，种子发芽及生长适温 18 ~ 25 ℃。采用直播约 40 天即能开花。

●栽培重点：盆栽 7 寸盆植 4 ~ 6 株，花坛株距 15 ~ 20 cm。栽培土质以肥沃的壤土或砂质壤土为佳。排水、日照应良好。施肥用有机肥料作基肥，每 15 ~ 20 天再施用台肥 1、3 号或肥料三要素 1 次。主茎最早开花者加以摘除，能促使其他花蕾快速成长。

缨绒花

金黄浓艳 - **美冠菊**

Arctotis hybrida

菊科一年生草本
原产地：世界各地（杂交种）

美冠菊株高 20 ~ 40 cm，全株披覆细茸毛。叶羽状深裂或羽状复叶，小叶剑形，粗锯齿缘。春季自茎顶或叶腋抽出花茎，着花数朵，舌状花瓣，色泽金黄明艳，形似非洲菊，花期甚长，适合花坛、盆栽。

●繁殖：育苗用播种法，秋、冬季为适期，种子发芽适温 15 ~ 20 ℃。

●栽培重点：栽培土质以砂质壤土为最佳。幼苗定植成活后摘心 1 次，促使多分枝。施肥用有机肥料或肥料三要素，每月施用 1 次。花谢后剪除残花，能促使新蕾开花。性喜温暖，生长适温 15 ~ 25 ℃。

美冠菊

金球花

Compositae Asteraceae

菊科一年生草本
原产地：大洋洲

多年生草本，常作一年生栽培。株高 50 ~ 100 cm，茎细直，全株密被白色绵毛。叶无柄，线形至线状披针形，全缘。春季开花，头状花序顶生，花梗细长，花冠圆球形，金黄色；小花 5 裂，数百朵小花密集排列成圆形，花姿奇特，风格独具。适于花坛、盆栽或切花。

●繁殖：播种法，春、秋季为适期，发芽适温 15 ~ 20 ℃。

●栽培重点：栽培土质以腐殖土或砂质壤土为佳。生长和开花期间施肥 3 ~ 4 次；若叶片生长旺盛，应减少氮肥。性喜温暖、湿润、向阳之地，生长适温 15 ~ 25 ℃，日照 80% ~ 100%。生长期忌高温炎热，梅雨季避免长期潮湿。花谢后剪除残花，能促进其他花蕾生长。

1 金球花
2 金球花

花环菊、孔雀菊

Chrysanthemum carinatum
（花环菊）
Chrysanthemum segetum
（孔雀菊）

菊科多年生草本
别名：花轮菊、三色菊、粉环菊、花春菊
原产地：
花环菊：摩洛哥
孔雀菊：欧洲、亚洲

花环菊与孔雀菊为同属异种植物，花环菊原为宿根性多年生草本，但均以一年生草花视之，株高 30 ~ 50 cm，叶羽状细裂，花顶生，花瓣有轮状色彩，姿色明妍悦目，花期春季。孔雀菊株高 40 ~ 60 cm，叶羽状深裂，花顶生，花瓣鲜黄，中心赤褐色，亮丽耀眼，花期春季。此类草花适合花坛、切花或大型盆栽。

●繁殖：播种法，秋、冬季为播种适期。发芽适温 15 ~ 20 ℃，将种子撒播于疏松土壤，覆土少许，浇水保持适润，约经 1 周能发芽，待株高 15 cm 左右再移植栽培。

●栽培重点：盆栽每 7 寸盆植 1 株，盆钵愈大生长愈旺盛，开花也较多。花坛株距为 30 ~ 40 cm。生性极为强健，栽培土质选择性不严，只要排水良好的普通土壤均能生长，但以富含有机质的砂质壤土或壤土为佳，土中预埋或混合少量有机肥料作基肥，生长更旺盛。栽培处日照应良好，荫蔽处开花不良或不易开花。定植成活后摘心 1 ~ 2 次，促使多分侧枝，可多开花。追肥每 30 ~ 40 天 1 次，减少磷、钾肥比例有利开花；若枝叶已旺盛，不可施氮肥，否则不利开花。性喜温暖，忌高温多湿，生长适温 15 ~ 25 ℃。植株过高应设立支柱，防止倒伏。花谢后易结种子，成熟后可自行采收阴干贮藏。病害可用普克菌、亿力防治。

1 孔雀菊“星光”（栽培种）*Chrysanthemum segetum* 'Orient Star'
2 孔雀菊
3 花环菊

明艳悦目 - **勋章菊**

Gazania hybrida（勋章菊）
Gazania nivea（银章菊）

菊科多年生草本
别名：非洲光阳菊
原产地：非洲

勋章菊原为多年生草本，但均视为一年生栽培。株高15 ~ 20 cm，叶线形或羽状。春季开花，腋出，花梗细长，单生1花，花色金黄，花瓣有赤褐色条纹，盛开时酷似1枚美丽的勋章，甚为明艳耀眼，且容易自然杂交，实生的后代花色易变化。成株丛生状，每株均能分化5 ~ 10个分枝，每个分枝均能开花，花谢花开，花期极长，从冬季到初夏均能见花，适合花坛或盆栽。由于花朵白天绽开，夜晚有闭合特性，因此不太适合作插花材料。近缘种银章菊，叶片密披银白色灰毛。

●繁殖：播种或分株，秋、冬、早春为适期。发芽适温15 ~ 22 ℃，种子要脱毛再播种，种子嫌光性，播种后要稍覆土，经8 ~ 10天可发芽，待苗本叶6 ~ 10枚再移植栽培。

●栽培重点：栽培土质以排水良好的砂质壤土或腐殖质壤土为佳，定植前最好能预埋少量有机肥料作基肥。栽培处日照要充足，日照不足植株易徒长，不易开花或开花不良。成长期间或开花期间，每15 ~ 20天施用肥料三要素1次；若叶片已繁盛，成株后要减少氮肥，增加磷、钾肥比例，以促进开花。花谢后若不留收种子，立即将残花剪除，可促使其他花蕾生长再开花。梅雨季节注意避免潮湿而导致腐烂。性喜温暖，忌高温多湿，生长适温10 ~ 25 ℃。病害以亿力、普克菌等防治，虫害可使用速灭松、万灵等防治。

1 2 3
1 勋章菊
2 勋章菊
3 银章菊

耐风抗旱 - **大花天人菊**

Gaillardia × grandiflora

菊科一年生草本
别名：宿根忠心菊、大天人菊
原产地：杂交种

大花天人菊株高 40 ～ 80 cm，茎叶均有粗毛。叶互生，匙状长披针形或椭圆形，叶缘有钝锯齿。花顶生，头状花序单生，舌状花瓣 3 ～ 5 裂，外缘呈黄色，近基部桃红至绯红色，花色美艳，成簇栽培缤纷悦目。生性强健，耐风耐旱，抗高温，最适合地势高燥而不易给水的地栽培，如道路两旁、安全岛、坡地、滨海游憩区等。繁殖力特强，种子散落地面，能发芽成长再开花，如澎湖常见大面积野生状态，也成为澎湖特产植物之一。本种原为宿根多年生草本，但在华南地区均视为一年生草本栽培。花期春至秋季，适合花坛或盆栽。

●繁殖：播种法，秋、冬、春 3 季均能播种，但以春季最佳，种子发芽适温 20 ～ 25 ℃，将种子撒播于疏松土面，保持湿度，经 1 ～ 2 周能发芽。待幼苗本叶有 6 枚以上再移植，盆栽每 7 寸盆植 1 株，花坛株距 30 ～ 40 cm。

●栽培重点：栽培土质以壤土或砂质壤土为佳，排水、日照应良好，日照不足开花不良。定植成活后，用少量有机肥料或肥料三要素，每月施肥 1 次。若不留收种子，花谢后立即剪除残花，再补给肥料，能促使新芽发生，开花不绝。若土质肥沃，生长旺盛，就不需再施肥。性喜温暖，生长适温 20 ～ 30 ℃。病害用普克菌、大生等防治，虫害用速灭松、万灵防治。

1 大花天人菊（原产北美洲）*Gaillardia aristata*
2 大花天人菊
3 大花天人菊

一轮大太阳 - **向日葵**

Helianthus annuus（向日葵）
Helianthus annuus 'Munchkin'（矮性向日葵）
Helianthus annuus 'Double Shine'（重瓣向日葵“重焰”）
Helianthus annuus 'Red Dream'（向日葵“红梦”）
Helianthus annuus 'Brown Ring'（向日葵“棕火轮”）

菊科一年生草本
原产地：北美洲
矮性向日葵、重瓣向日葵“重焰”、向日葵“红梦”、向日葵“棕火轮”为栽培种

向日葵花色金黄，酷似一轮金黄耀眼的大太阳，且花有向日倾斜性，故得名向日葵或太阳花。品种有观赏用、观赏兼油用向日葵；观赏品种植株较低矮，花形有重瓣或单瓣，另有单花或多花性品种。油用品种植株较高大，露地栽培株高可达 2 ~ 3m，若用盆栽生长受限，株高仅 40 cm 左右。全年能开花，主要花期春或秋季。性喜温暖或高温，生性强健，不需特殊管理。

●繁殖：用播种法，全年均可播种，但以春、秋季为佳。种子发芽适温 22 ~ 30 ℃，将种子点播入土深约 1 cm，经 5 ~ 7 天可萌芽，待苗本叶 4 ~ 6 枚时再移植。亦可采用直播法，将种子直接点播于盆内或栽培地。盆栽每 7 寸盆可植 1 株。

●栽培重点：栽培土质以肥沃的砂质壤土或壤土为佳，排水及日照力求良好，日照不足不易开花。定植成活后即施用追肥，肥料三要素或各种有机肥料均理想，并在根部覆土，巩固根部避免倒伏。若植株高大必要时设立支柱扶持株身，防止折枝。花蕾形成后宜多灌水，保持土壤湿润。花谢后头状花序背面由绿转黄，即表示种子已趋成熟，可割取晒干收取种子。病害可用可利生、亿力等防治，虫害可用万灵、速灭松等防治。生长适温 15 ~ 35 ℃。

1 2

1 向日葵
2 向日葵

3 4
5 6

3 矮性向日葵
4 向日葵“棕火轮”
5 重瓣向日葵“重焰”
6 向日葵“红梦”

天然干燥花 - **麦秆菊**

Helichrysum bracteatum

菊科一年生草本
别名：蜡菊、贝细工、铁菊
原产地：澳大利亚

麦秆菊是奇花异卉，株高 60 ~ 90 cm，叶互生，披针形，苞片坚硬如蜡，触摸沙沙有声，酷似干燥花；若将半盛开或含苞待放的花朵剪下，先放在阴凉干燥处风干，再放入冰箱内再干燥，便成天然美丽的干燥花，可当饰物，甚为别致。植株开花艳丽持久，极适合切花、花坛或盆栽。花期冬至春末，从 12 月到翌年 5 月。

●繁殖：用播种法，秋、冬或早春均适合播种，但以秋、冬季为佳，种子发芽适温 15 ~ 20 ℃。种子好光性，撒播于疏松土壤上，轻轻镇压，浇水保持湿度，经 6 ~ 8 天可发芽。本叶生长后，每周施用台肥速效 1 号或肥料三要素稀液，促进快速成长，待苗高 7 ~ 10 cm 再移植于花坛或盆栽。盆栽每 5 寸盆植 1 株，花坛株距 40 cm。

●栽培重点：培养土以砂质壤土最佳，排水、日照应良好。定植前土中最好混合有机质堆肥或少量磷、钾肥。成活后摘心 1 次，促使多分枝，可多开花。生长期间每隔 20 ~ 30 天施用追肥 1 次，肥料三要素或各种有机肥料均理想。平时培养土保持适当的湿度，干旱生长受阻；梅雨季节注意排水，防止根部滞水而腐根。性喜温暖，生长适温 12 ~ 25 ℃。病害可用普克菌、亿力、大生等防治，虫害可用万灵、速灭松等防治。

1 麦秆菊
2 麦秆菊
3 麦秆菊

鳞托菊

Helipterum manglesii

菊科一年生草本
别名：姬麦秆、大羽冠毛菊
原产地：澳大利亚

鳞托菊

鳞托菊株高 20 ~ 30 cm，叶灰绿椭圆形，花自枝条先端绽开，花茎极细小，质硬，含苞时圆锥状，稍下垂，粉白色的花瓣透明状，甚为别致。花绽开后，瓣呈桃红，中心鲜黄，质薄似蜡状，为天然的干燥花，花姿明丽娇美可爱。花期春季。适合盆栽或切花。

●繁殖：育苗采用播种法，晚秋或初冬播种，发芽适温 15 ~ 20 ℃，温度过高，不易发芽，播种时应注意适温。鳞托菊不耐移植，栽培以直播为宜，直接播种于盆内或花坛，成苗后选留健壮株，拔除弱小株。种子播种后经 2 ~ 5 日可发芽。

●栽培重点：栽培土质以肥沃富含有机质的砂质壤土为佳，排水应良好，栽培处若长期接受 70% ~ 80% 光照生长最为旺盛，日照过分强烈，叶面容易烧焦或腐根。忌高温多湿，通风应良好，尤其成长期间，若逢高温闷热的天气，植株极易萎凋，此时应将盆栽移至通风凉爽的地点。盆栽每 7 寸盆植 2 ~ 3 株。施肥每月施用腐熟有机肥或肥料三要素稀液 1 次，施用时不可靠近根部，以防肥害。性喜温暖，忌高温多湿，生长适温 15 ~ 22 ℃。

洋甘菊

Matricaria recutita

菊科一年生草本
别名：野甘菊
原产地：欧洲、印度

洋甘菊株高 30 ~ 50 cm，茎深绿色，全株具香气，为香草植物之一。羽状裂叶，裂片狭线形。春季开花，顶出或腋生，花茎细长，头状花序，舌瓣花白色，中心黄绿色，花色清丽优雅。适于花坛美化、盆栽或冲泡花茶。药用能驱风、镇痉、健胃、防腐。

●繁殖：播种或扦插，春、秋季为适期。

●栽培重点：栽培土质以腐殖土或砂质壤土为佳。排水、日照应良好。生长期每月施肥 1 次。花后植株老化需强剪。性喜温暖，忌高温多湿，生长适温 15 ~ 25 ℃。温带地区生长良好，平地栽培应通风凉爽。

洋甘菊

耀眼美丽 - **黑心菊**

Rudbeckia hirta

菊科一年生草本
别名：黑眼松果菊
原产地：北美洲

黑心菊株高 60 ～ 90 cm，叶褐绿色具有绵毛，花瓣黄色，花心黑褐色，甚为耀眼美丽，成株丛生状，开花亦多，花坛成簇栽培极为出色，花期长，花开花谢，自初夏至秋季均能见花。生性健强，栽培容易，但唯一的缺憾即是花朵不耐阳光直射，花盛开时，若日照强烈，花朵极易萎凋。黑心菊另有重瓣品种，花中心呈黑紫色，酷似一颗华贵的蓝宝石。

●繁殖：春、夏、秋季用种子播种，发芽适温 21 ～ 30 ℃，播种后 10 ～ 15 天能发芽，宜在苗本叶 8 ～ 10 枚时移植栽培。

●栽培重点：栽培土质以排水良好、肥沃的壤土最佳，栽培地日光照射应良好，半日照之处生长亦佳。施肥以少量肥料三要素每月施用 1 次，或在植株基部四周以环状施用堆肥，成长即迅速。盆栽宜使用 1 尺以上大盆，培养土排水务求良好，施肥可使用豆饼、油粕或肥料三要素。幼苗灌水每日 1 次，成株后需水较多，每日 2 次。开花时将盆栽移至稍阴凉处，可避免花朵萎凋。花谢后，剪除残花，可促进新的花蕾产生。植株过高要避强风，必要时立支柱扶持，防止倒伏。性喜温暖至高温，生长适温 10 ～ 30 ℃，但在梅雨季节，应注意长期潮湿或排水不良，引起根部腐烂。病害可用普克菌、大生等防治，虫害用万灵、速灭松等防治。

1 2

1 黑心菊
2 黑心菊“亮彩”（栽培种）*Rudbeckia hirta* 'Gloriosa'

风格异雅 - **千日菊**

Spilanthes acmella

菊科一年生草本
别名：斑花菊、金钮扣、铁拳头、金再钩、六神草
原产地：中国

千日菊株高 15 ~ 30 cm，叶色褐绿，自然分枝多，小花聚生成筒状，色黄褐而带有赤色环纹，形似椭圆状小果实或 1 颗钮扣，造型奇特，风格异雅。全株均含特殊的香辛味，可当野菜利用，孩童常喜欢将花瓣轻涂嘴唇，即有酥麻的感觉，因此有“六神草”之称。花期极长，几乎全年均能开花，但以春、夏、秋季为盛，适合花坛栽培或盆栽。

●繁殖：千日菊性极强健，自生繁殖率极强，只要栽种 1 株，种子成熟后自行掉落，即能在栽培地附近自生多数幼苗，再成长开花。除播种外，春、夏季剪取新芽扦插亦能发根成新株。种子发芽适温及扦插适温 20 ~ 30 ℃，全年均能播种，但以春、夏季为佳，只要将种子均匀撒播于疏松而排水良好的土壤，保持湿度，经 10 天左右即能发芽成苗，待苗本叶 4 枚以上再移植。

●栽培重点：任何土壤均能生长，但肥沃富含有机质的砂质壤土或壤土生长最佳，排水应良好，全日照、半日照均理想，荫蔽处植株徒长而开花较少。盆栽每 4 ~ 5 寸盆植 1 株，花坛株距 20 cm。施肥可在定植前在土中混入腐熟堆肥，如鸡粪、豆饼、油粕等，生长期间施用少量肥料三要素 1 次，生长即能健壮。性喜高温耐旱，生长适温 20 ~ 30 ℃。

1 千日菊
2 千日菊

高雅华贵 - **瓜叶菊**

Pericallis × hybridus (Senecio × hybridus)

菊科一年生草本
别名：富贵菊
原产地：加拿列岛或栽培种

1 瓜叶菊
2 瓜叶菊
3 瓜叶菊
4 瓜叶菊（栽培种）*Pericallis cruentus* 'Plenissimus' (*Senecio cruentus* 'Plenissimus')

瓜叶菊是早春出色的应节花卉，株高 10 ~ 20 cm，茎叶有细毛。叶心形似瓜叶，头状花序，盆栽花朵布满盆面，高雅华贵，人见人爱。性喜冷凉。品种有单瓣或重瓣种。

●繁殖：用播种法，种子发芽适温 15 ~ 25 ℃。高冷地 7 ~ 8 月播种，播种土宜用细砂混合泥炭土。种子好光性，播种后不可覆土，接受日照 50% ~ 70%，忌强烈日光直射。播种后经 10 余天发芽，本叶生长后即移植较大的苗床或小盆，经 10 余天后，每周施用稀薄的肥料三要素 (如台肥速效 1 号)，促进细根生长。本叶生长 3 ~ 4 枚时再作第 2 次移植，待本叶 5 ~ 6 枚时最后定植于 5 ~ 7 寸盆。

●栽培重点：培养土以富含有机质的壤土为佳。若能使用等量的泥炭土、蛭石、细木屑、河砂等调制更理想。土中宜混合少量的台肥长效肥料或豆饼、油粕作基肥。栽培处需冷凉通风，日照以 50% ~ 70% 为宜。灌水宜用细孔水壶，培养土经常保持湿度。成长期间每 10 ~ 15 天施肥 1 次，有机肥料或台肥速效 1 号、3 号等均理想。到花蕾出现前 2 周，减少灌水施肥，可促进花芽分化。性喜冷凉至温暖，忌高温多湿，生长适温 15 ~ 22 ℃。

雅俗共赏 - **藿香蓟**

***Ageratum conyzides*（藿香蓟）**
***Ageratum houstonianum*（紫花藿香蓟）**

菊科一年生草本
别名：墨西哥香蓟、墨西哥蓝蓟
原产地：北美洲

藿香蓟花色有白、淡紫蓝或淡紫红，栽培种株高仅 15 ~ 20 cm，花径大，适合花坛或盆栽，雅俗共赏，花期春至秋季。

●繁殖：春、夏、秋 3 季播种，发芽适温 18 ~ 25 ℃，可直接播种。

●栽培重点：土质以砂质壤土为佳，追肥每月 1 次。分枝少要摘心，促使多分侧枝可多开花。生性强健，栽培容易，生长适温 15 ~ 30 ℃。

1 藿香蓟
2 紫花藿香蓟
3 紫花藿香蓟

墨西哥向日葵
Tithonia rothundifolia

菊科一年生草本
别名：墨西哥菊
原产地：墨西哥

墨西哥向日葵株高 2 ~ 5 尺，分枝多，开花容易，花期夏、秋季，除了露地栽培外，亦适宜盆栽，唯盆栽宜用大盘，以利根部伸展。

●繁殖：用播种法，春至秋季播种，发芽适温 20 ~ 30 ℃，种子有嫌光性，需覆土。

●栽培重点：幼苗本叶 5 枚以上即可移植。施肥每月少量施用肥料三要素或有机肥 1 次，若枝叶茂盛，减少氮肥比例。栽培土质以排水良好的砂质壤土最佳，日光照射应良好。性喜高温而耐旱，生长适温 15 ~ 35 ℃，全年可栽培。

墨西哥向日葵

繁花朵朵 - 山卫菊
Sanvitalia procumbens

菊科一年生草本
别名：蛇纹菊
原产地：墨西哥

山卫菊株高仅 10 余厘米，茎枝纤细，丛生匍匐状。叶灰绿，椭圆形。重瓣花型径 1 ~ 2 cm，花瓣鲜黄，中心黑褐色，成簇栽培，朵朵小花布满枝头，甚为清新雅致。花期春至秋季，适合花坛或盆栽。

●繁殖：播种法，春、夏、秋均能播种，发芽适温 20 ~ 30 ℃，种子好光性，播种后不需覆土，保持适润，经 7 ~ 10 日发芽。

●栽培重点：土质以肥沃的砂质壤土最佳，排水、日照应良好。定植后摘心 1 次。施肥每 20 ~ 30 天 1 次，提高磷、钾肥比例能促进开花。性喜高温，生长适温 15 ~ 30 ℃。

山卫菊

昼开夜闭 - **凉菊**

Venidium fastuosum

菊科一年生草本
别名：蛇目草
原产地：南非

凉菊株高 20 ~ 30 cm，叶自基部抽出，无主茎，全株密生白色茸毛，似披覆雪花，甚为奇特。叶羽状深裂，花顶生，花瓣金黄，内部有轮状褐色斑纹，明艳而耀目，昼开夜闭性。花期春季，适合花坛或盆栽。

●繁殖：播种法，秋、冬为播种适期，发芽适温 20 ~ 25 ℃，播种后 7 ~ 10 天发芽，幼苗追肥 1 次，本叶 4 ~ 6 枚定植。

●栽培重点：土质以肥沃壤土最佳，排水、日照应良好，荫蔽易徒长，开花不良。追肥用肥料三要素，每 20 ~ 30 天 1 次。性喜温暖，忌高温多湿，生长适温 15 ~ 25 ℃。

凉菊

金黄耀眼 - **万寿菊**

Tagetes erecta（万寿菊）
Tagetes tenuifolia（小万寿菊）

菊科一年生草本
别名：臭菊仔
原产地：墨西哥

万寿菊株高 30 ~ 90 cm。叶羽状复叶，小叶披针状，锯齿缘。品种极多，有高性、矮性，花形有单瓣、重瓣，花色有鲜黄、金黄、橙黄等色。高性大轮品种通常作切花，作花圈、花篮、花车装饰，矮性品种布置花坛或盆栽，大面积栽培，花海一片，金黄耀眼。花期因播种期不同，秋播春季开花，春播夏、秋开花，花期极长。其性易杂交，杂交的后代易退化，花朵会渐小；通常重瓣愈发达的品种，采种率愈低，杂交第 1 代的花形花色最美，新品种亦不断产生，目前已有叶片无臭味品种。另有矮性单瓣品种称小万寿菊，栽培应用并不广。

●繁殖：用播种或扦插法，但以播种为主。春、秋、冬 3 季均能播种，种子发芽适温 15 ~ 20 ℃，将种子撒播于疏松土壤或细木屑，保持湿度，经 5 ~ 10 天可发芽。本叶 2 ~ 3 枚时假植于软盆中，经追肥 1 ~ 2 次，苗高 8 ~ 10 cm 再行定植。

●栽培重点：栽培土质以富含有机质的壤土最佳，排水、日照应良好。苗高约 15 cm 摘心 1 次，促使分枝，能多开花；若欲控制花朵数量和大小，侧枝生长后再摘心或摘芽。追肥用肥料三要素，每月 1 次，提高磷、钾肥比例能促进开花。切花栽培植株高大，应立支柱扶持。性喜温暖或高温，生长适温 10 ~ 30 ℃。病害用大生、普克菌，虫害用速灭松、万灵等防治。

1 万寿菊
2 万寿菊（栽培种）*Tagetes erecta* 'Perfection Orange'
3 万寿菊（栽培种）*Tagetes erecta* 'Antigua Yellow'
4 小万寿菊

易栽易植 - **孔雀草**

Tagetes patula

菊科一年生草本
别名：红黄草、西番菊、细叶万寿菊
原产地：墨西哥

孔雀草是由墨西哥原产的姬孔雀草和万寿菊杂交改良而成，株高 15 ～ 30 cm，叶呈羽状裂叶，花瓣带有红褐色美丽斑纹。品种有高性或矮性，开花容易，是盆栽或花坛、花台理想的草花。尤其生性强健不需特殊管理，适合忙碌而喜爱园艺的人栽植。花期极长，冬季到翌年春、夏季均能开花。根部能分泌 1 种特殊物质，能杀死土壤中的线虫，欧洲农民经常在作物栽培前，先种孔雀草，借以防治线虫危害农作物。

●繁殖：用播种法，春、秋、冬 3 季均适合播种，唯春季播种后，生长期遇梅雨季或高温，植株常有营养生长现象，过度高大不易开花；因此以秋、冬季播种为佳，植株低矮，开花繁盛，从播种到开花只需 60 天。种子发芽适温 20 ～ 25 ℃，将种子撒播于疏松的土壤上，覆土少许，隐约可见种子为度，浇水保持湿度，经 5 ～ 7 天可发芽，待株高 6 ～ 8 cm 再定植。盆栽每 5 寸盆植 1 株，花坛株距 20 ～ 30 cm。

●栽培重点：土质以有机质的砂质壤土最佳，排水、日照应良好，荫蔽处植株易徒长，开花不良。花期长，生长或开花期间，每隔 20 ～ 30 天施用肥料三要素追肥 1 次。将幼株开出的第 1 朵花蕾摘除，可促使多分枝多开花。性喜温暖，生长适温 20 ～ 25 ℃。

1 孔雀草
2 孔雀草（栽培种）*Tagetes* × *patula* 'Durango Flame'
3 孔雀草（栽培种）*Tagetes* × *patula* 'Durango Yellow'

鲜明亮丽 - **百日草**

Zinnia elegans

菊科一年生草本
别名：百日菊
原产地：墨西哥

百日草株高 15 ~ 90 cm，茎有毛。叶对生，卵圆心脏形，它是夏季极出色的美丽草花。品种极多，有高性、矮性或软枝者，花色丰富而鲜明艳丽，切花是插花上等花材。高性种适合切花或花坛、盆栽，矮性种适合花坛、盆栽。主要花期在夏、秋季，但在华南地区平地高温的情况下，全年可播种，全年可开花。杂交种有光辉菊，单瓣花，花瓣有条斑。

●繁殖：用播种法，全年可播种，但以春、夏季为佳，种子发芽适温 20 ~ 25 ℃，将种子均匀撒播于疏松的土壤上，浇水保持湿度，经 4 ~ 6 天即能发芽，待苗高 6 ~ 10 cm 再移植栽培。盆栽每 5 寸盆可植 1 株，花坛栽培株距 25 ~ 40 cm。

●栽培重点：栽培土质以肥沃壤土为佳，栽培处排水、日照力求良好，日照不足植株易徒长，开花不良。幼苗定植前，土中预施少量堆肥或磷、钾肥，可促进开花，定植成活后摘心 1 次，促使多分枝，可多开花，并少量施用肥料三要素追肥。由于花期很长，生长或开花期间每 20 ~ 30 天施肥 1 次。夏季高温生长特别迅速，培养土需保持适当的湿度。性喜高温，抗寒力弱，气温低于 15 ℃则开花困难，生长适温 15 ~ 30 ℃。病害以普克菌、大生等防治。虫害可用万灵或速灭松防治。花谢后易结种子，成熟后可自行采收风干贮藏。

1 百日草
2 光辉菊“樱桃辉”（杂交种）*Zinnia* 'Profusion Coral Pink'
3 光辉菊“橘辉”（杂交种）*Zinnia* 'Profusion Orange'

夏日辉黄 - **小百日菊**

Zinnia angustifolia

菊科一年生草本
别名：小百日草
原产地：墨西哥

小百日菊株高 20 ~ 30 cm，枝叶均极细致。叶线状披针形，灰绿色。花顶生，浓橙黄色，单瓣，瓣中有鲜黄色纵纹，先端缺刻。成株开花多，花期持久，花色金黄明艳，大面积栽培，盛开时花海景观令人激赏，适合花坛或盆栽。生性强健，全年均能播种开花。但以春季播种，夏至秋季开花最盛，因温度 22 ℃以上，生长极快速，约 45 天即能开花。

●繁殖：播种法，全年均能播种，但以春、秋 2 季为佳，种子发芽适温 20 ~ 25 ℃。将种子撒播于疏松土壤，稍覆盖细土，保持湿度，经 5 ~ 7 天发芽。幼苗经追肥 1 次，本叶有 6 枚以上再移植栽培。秋季播种的幼苗，在冬季气温低于 10 ℃时，必须保温越冬，以防寒害。亦可采用直播法，先整地再直接播种，成苗后视株距做间拔。盆栽每 5 寸盆可植 1 株，花坛株距 20 ~ 30 cm。

●栽培重点：栽培土质以肥沃富含有机质的壤土或砂质壤土为佳，排水、日照应良好，苗高约 10 cm 摘心 1 次，促使分生侧枝。生长或开花期间 20 ~ 30 天追肥 1 次，有机肥料最为理想。花谢后将残花剪除，能促进新枝生长再开花，延长花期。性喜温暖至高温，生长适温 18 ~ 30 ℃。病害用普克菌、大生等防治，虫害用速灭松、万灵等防治。

1 小百日菊
2 小百日菊

自生力强 - **黄帝菊**

Melampodium paludosum

菊科一年生草本
原产地：美洲

黄帝菊株高 30 ~ 50 cm，叶对生，阔披针形或长卵形，先端渐尖，齿状缘。春至秋季开花，顶生，花径约 2 cm，小花满布枝端，花色鲜黄明媚。适合花坛或盆栽。

●繁殖：播种法，种子嫌光性。自生力强，成熟种子落地能发芽成长，可直播。春、秋均适合播种，发芽适温 15 ~ 20 ℃。

●栽培重点：栽培土质以肥沃的砂质壤土为佳，排水、日照应良好，荫蔽易徒长，开花不良。追肥可用肥料三要素，每 20 ~ 30 天施用一次，提高磷、钾肥比例能促进开花。性喜温暖可耐高温，生长适温 15 ~ 30 ℃。

黄帝菊

金毛菊

Dyssodia tenuiloba

菊科一年生草本
别名：万点金
原产地：墨西哥、智利

金毛菊株高 15 ~ 30 cm，茎枝极细致，成株容易倒伏。羽状复叶，小叶针状线形。春季开花，顶生，花色鲜黄悦目，适合花坛或盆栽，也可吊盆栽培，花茎能垂悬而下，花姿优雅可爱。

●繁殖：播种法，种子好光性。早春、秋、冬季均能播种，发芽适温 17 ~ 21 ℃。

●栽培重点：栽培土质以肥沃的砂土壤土最佳，排水、日照应良好。追肥以肥料三要素，每 20 ~ 30 天施用一次，若枝叶生长旺盛，应减少氮肥，避免倒伏。性喜温暖至高温，生长适温 20 ~ 30 ℃。

金毛菊

绿肥作物 - **小油菊**

Guizotia abyssinica

菊科一年生草本
别名：小葵子
原产地：印度

小油菊株高 40 ~ 70 cm，茎中空略带紫褐色，被毛。叶对生，无柄，披针形，粗锯齿缘。冬至春季开花，顶生，花冠黄色，花瓣 8 片，花姿金黄亮丽。适于花坛美化或盆栽，全株可当绿肥、饲料，种子可提炼油品；可作休耕农田绿肥。

●繁殖：播种法，全年均能播种，但以春、秋季为佳，种子发芽适温 20 ~ 25 ℃。

●栽培重点：栽培土质以砂质壤土为佳。排水、日照应良好，荫蔽处生长不良。生长期间少量施肥 1 ~ 2 次。性喜高温多湿，生长适温 22 ~ 30 ℃。

小油菊

花姿清雅 - **白飞蓬**

Erigeron 'White Quakeress'

菊科多年生草本
原产地：栽培种

白飞蓬为多年生草本，但现在均当作一年生草花栽培。株高 40 ~ 70 cm，丛生状，全株密生细毛。叶无柄，披针形，全缘。春至夏季开花，顶生，头状花序，花冠白色，中心鲜黄，花姿清雅宜人，花期持久。适于花坛美化、盆栽或切花。

●繁殖：扦插、分株法，春、秋为适期。

●栽培重点：栽培土质以砂质壤土为佳。排水、日照应良好，荫蔽处生长不良。生长期间施肥 2 ~ 3 次。花期过后修剪整枝，植株老化施以强剪，可越冬。性喜温暖耐高温，生长适温 15 ~ 28 ℃。

白飞蓬

叶牡丹

Brassica oleracea var. *acephala*
（叶牡丹“圆叶”）
Brassica oleracea aceph. crispa
（叶牡丹“皱叶”）
Brassica oleracea var. *laciniata*
（叶牡丹“裂叶”）

十字花科一年生草本
别名：彩叶甘蓝
原产地：欧洲北部

叶牡丹是甘蓝(高丽菜)的近缘栽培品种，但与食用甘蓝不同，幼苗时期极似甘蓝，成长后并不结球，叶片着生许多美丽的色彩，有紫红、白、黄等色，颇为鲜艳珍雅。品种有圆叶、裂叶、皱叶之分，裂叶种适于切株，可当插花材料；也极适合花坛美化栽植或盆栽。冬季至春季为主要观赏期，通常自播种后第 3 个月起即可观赏。

●繁殖：用播种法，高性种适合春、夏播种，矮性种以秋季 8 ~ 10 月为播种适期。种子发芽适温 20 ~ 25 ℃，播种培养土以疏松砂质壤土最佳，播种后稍加遮阴，接受日照 60% ~ 70%，并充分灌水，4 ~ 6 日即可发芽。幼苗本叶 3 ~ 4 枚时，施用肥料三要素稀液 1 次促使生长，待本叶 6 ~ 8 枚时移植盆栽或露地栽培。盆栽每 6 寸盆栽植 1 株，花坛株距 30 cm。

●栽培重点：栽培土质以富含腐殖质的壤土最佳，幼苗定植前在土中混入腐熟堆肥及少量磷、钾肥。定植后充分灌水，放置阴凉处 2 ~ 3 日，待生长恢复后再移出，充分接受日光。成长期每月少量施用肥料三要素 1 次，促使叶面着色鲜丽。若叶片生长过分拥挤，通风不良，需摘除下位叶片以利生长。性喜温暖，忌高温多湿，生长适温 15 ~ 25 ℃。十字花科植物虫害较多，可使用速灭松、万灵、好年冬等农药防治。

1 2 3
1 叶牡丹“圆叶”
2 叶牡丹“皱叶”
3 叶牡丹“裂叶”

细致清雅 - **香雪球**

Lobularia maritima

十字花科一年生草本
别名：庭荠、香荠、阿里斯母
原产地：地中海沿岸

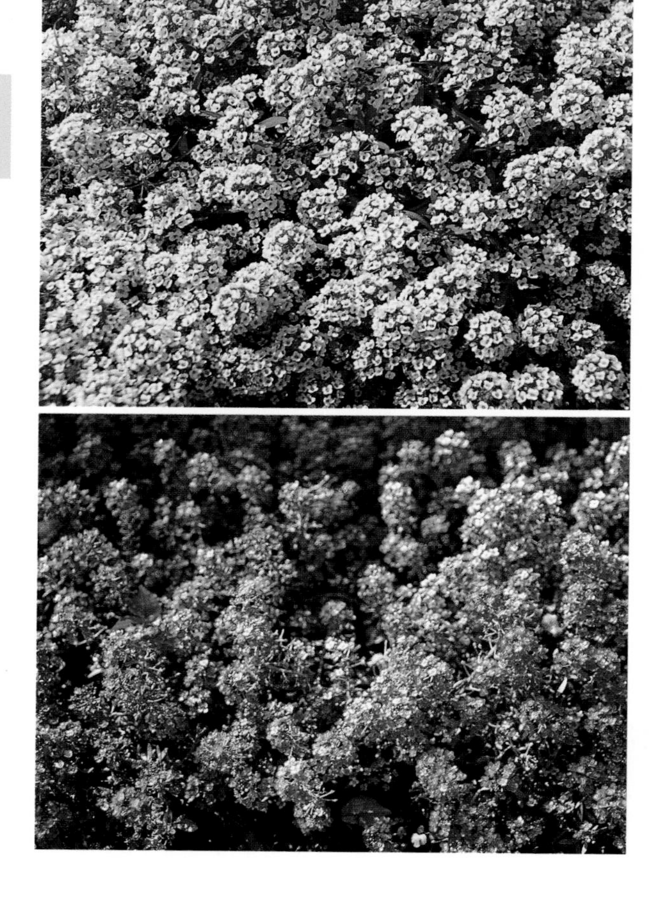

1 香雪球
2 香雪球“仙境玫瑰”（栽培种）*Lobularia maritima* 'Wonderland Rose'

香雪球植株甚低矮，5 ～ 12 cm，叶披针形有绵毛。成株可扩展约 25 cm 见方，花朵细小，盛开时每株开花数百朵密布于叶梢之上，芳香而清雅。花色有白或紫红，盆栽或花坛栽培均理想，尤其花坛栽培皑皑如雪，颇为美丽脱俗。花期冬至春季。

●繁殖：用播种法，早春、秋、冬季均适合播种，但以秋、冬季为佳。种子发芽适温 15 ～ 20 ℃，将种子撒播于疏松的砂质壤土，稍加镇压，浇水保持湿度，经 5 ～ 8 天能发芽。本叶生长后，每周施用台肥速效 1 号或肥料三要素稀液 1 次，待本叶 5 ～ 7 枚时移植盆栽或花坛。盆栽每 5 ～ 7 寸盆植 1 株，花坛株距 20 ～ 30 cm。

●栽培重点：栽培土质以肥沃砂质壤土最佳，日照、排水应良好，排水不良根部易腐烂。盆栽培养土最好预施少量腐熟堆肥或磷、钾肥。平时培养土保持适当湿度。追肥使用肥料三要素或各种有机肥料均佳，每月施用 1 次，施肥时要小心，勿沾触茎叶而导致肥害；亦可使用台肥速效 1、3 号稀释液，每隔 10 天喷洒 1 次。性喜通风向阳温暖之处，忌高温多湿，生长适温 10 ～ 25 ℃。梅雨季节勿长期淋雨，潮湿或排水不良易导致根部腐烂；若有乍热的气温，应将盆栽暂移通风凉爽的地点，可延长花期和寿命。

琪花瑶草 - **紫罗兰**

Matthiola incana

十字花科一年生草本
别名：紫罗兰花
原产地：地中海沿岸

紫罗兰是个诗意的名字，尤其是花样年华的少女，心里充满了梦幻与无限的遐思，对于它更是偏爱有加。株高 30 ~ 60 cm，品种极多，花色有淡红、深红、淡紫、紫红、灰白、白、乳黄等，花形有单瓣或重瓣，花顶生成串，仪态万千，并具香味。平地花期春季，山地花期春末至夏季。适合盆栽、花坛栽培或切花。

●繁殖：用播种法，性喜冷凉，平原必须秋冬 8 ~ 11 月间播种，山地可在早春 2 ~ 3 月间播种。种子发芽适温 18 ~ 25 ℃，将种子撒播于盆土或苗床，浇水保持湿度，约经 10 天可发芽，待苗高 5 ~ 10 cm 再定植。盆栽每 5 寸盆植 1 株，花坛栽培株距 20 ~ 30 cm。

●栽培重点：栽培土质以肥沃壤土为佳，土中最好混合少量腐熟堆肥作基肥。栽培处排水、日照应良好，荫蔽处植株易徒长，不易开花。定植成活后即施用少量肥料三要素追肥，此后每 20 ~ 30 天追肥 1 次，促进成长；若生长已良好，减少氮肥，增加磷、钾肥比例能促进开花。性喜温暖，生长适温 10 ~ 25 ℃，忌高温多湿，尤其开花期需低温，若有乍热的气温，应设法保持通风凉爽。十字花科植物虫害较多，可施用好年冬或万灵、速灭精等防治，病害用亿力、大生 45、好速杀等防治。

1 紫罗兰栽培场

2 紫罗兰“新彼岸王”（栽培种）*Matthiola incana 'Shin Higan Oh'*
3 紫罗兰“早丽”（栽培种）*Matthiola incana 'Sourei'*
4 紫罗兰“白浪”（栽培种）*Matthiola incana 'White Wave'*
5 重瓣紫罗兰雌蕊和雄蕊已演化成花瓣，不能结实

淡雅芳香 - **桂竹香**

Cheiranthus cheiri

十字花科一年生草本
别名：香紫罗兰、黄紫罗兰花
原产地：欧洲

桂竹香株高 15 ～ 30 cm。叶狭披针形或线形，花顶生，花色有黄、橙或红褐斑纹，清逸而美观，并能散发淡雅芳香味。花期春季，适合花坛、盆栽。

●繁殖：播种法，秋、冬为适期，种子发芽适温 18 ～ 25 ℃，播种后 8 ～ 10 天发芽。因直根性，幼株移植要多带土。

●栽培重点：土质用肥沃的壤土或砂质壤土，排水、日照应良好。追肥应偏重磷、钾肥，每月施用 1 次。十字花科植物，虫害甚烈，可用扑灭松、万灵、好年冬等防治。性喜温暖忌高温，生长适温 10 ～ 25 ℃。

1 桂竹香
2 黄花桂竹香（原产北美洲）*Cheiranthus cheiri* var. *lutea*

钻石花

Cruciferae Brassicaceae

十字花科一年生草本
原产地：葡萄牙

钻石花

钻石花原产葡萄牙。植株低矮，高5 ~ 10 cm，无茎。叶长椭圆形至卵形，3浅裂或全缘。春至夏季开花，腋生，小花4瓣，十字形，白色略带紫蓝色，具芳香，花姿花色独特可爱。适合花坛美化、盆栽。

●繁殖：播种法，秋至冬季为适期，发芽适温15 ~ 20 ℃。

●栽培重点：栽培介质以腐殖土为佳。生长期间施肥2 ~ 3次，生长后期提高磷、钾肥比例能促进开花。性喜冷凉、湿润、略荫蔽之地，生长适温12 ~ 22 ℃，日照60% ~ 100%。成长期间避免高温乍热或培养土长期潮湿。

山萝卜科 DIPSACEAE

干燥果材 - **松虫草**

Scabiosa atropurpurea

山萝卜科一年生草本
别名：洋冠花、西洋山萝卜、黑花山萝卜
原产地：欧洲

松虫草

松虫草株高40 ~ 90 cm。叶对生，羽状裂叶。花顶生，花色丰富，花型逸致，果实膨大中空，果表有粗毛，干燥后即成干燥花，适合花坛或盆栽、切花，花期春至夏季。

●繁殖：播种法，秋、冬为适期，发芽适温15 ~ 20 ℃，种子浸水数小时再播种，能提高发芽率，播种后覆细土约0.5 cm，经7 ~ 12天发芽，苗本叶6 ~ 8枚定植。

●栽培重点：土质用石灰质砂质壤土，排水、日照应良好，苗高15 cm摘心1次，每月追肥1次。株高应立支柱防倒伏。性喜温暖忌高温，生长适温10 ~ 25 ℃。

蝶形花科 FABACEAE

姿色妖媚 - **羽扇豆**

Lupinus texensis

蝶形花科一年生草本
别名：蓝立藤草、扇叶豆、毛羽扇豆
原产地：欧洲

羽扇豆株高 30 ～ 50 cm，全株密生细毛，掌状复叶，小叶倒披针形。花顶生，总状花序，蝶形花，花色有白、蓝等色，姿色妖媚动人，花期春季，适合花坛、盆栽或切花。同类另有宿根多年生品种，花色有黄、红、紫等色，极美艳，唯性喜冷凉，平地不易栽培。

●繁殖：播种法，秋、冬播种，发芽适温 15 ～ 20 ℃。直根性不耐移植，应直接播种。

●栽培重点：土质以壤土为佳，排水、日照应良好。追肥每月 1 次，氮肥不宜多，应偏重磷、钾肥或草木灰。性喜温暖，忌高温多湿，生长适温 15 ～ 25 ℃。

1 羽扇豆
2 紫红羽扇豆（栽培种）*Lupinus texensis* 'Texas Malone'

绿肥作物 - **太阳麻**

Crotalaria juncea

蝶形花科一年生草本
原产地：印度

太阳麻株高 1 ~ 2 m，茎枝具小沟纹。叶互生，线形或长椭圆形。夏至秋季开花，顶生或腋出，总状花序，花冠蝶形，金黄色。荚果圆柱形，密被褐毛。成长迅速，花色耀目，适合庭植或花坛美化，为优良的绿肥、饲料或纤维作物。

●繁殖：播种法。春至夏季为播种适期，种子发芽适温 20 ~ 25 ℃。

●栽培重点：生性强健，不择土质，但以砂质壤土最佳。排水、日照应良好。生长旺盛不需施肥，但少量施用磷、钾肥有益开花。性喜高温，生长适温 25 ~ 32 ℃。

太阳麻

埃及三叶草

Trifolium alexandrinum

蝶形花科一年生草本
原产：埃及

埃及三叶草株高 30 ~ 50 cm，三出复叶，小叶椭圆形，全缘。夏至秋开花，顶生，头状花序，小花白色多数密生。盛花时雪白的花朵，清雅美观。适合花坛或盆栽，可作绿肥或饲料作物，尚未利用作观赏栽培，生性强健而粗放，值得推广。

●繁殖；播种法。春至夏季为播种适期，种子发芽适温 20 ~ 25 ℃。

●栽培重点：栽培土质以砂质壤土或壤土为佳，排水、日照应良好。生长旺盛时不需施肥，但少量补给磷、钾肥能促进开花。性喜高温，生长适温 22 ~ 32 ℃。

埃及三叶草

幽秀华美 - **洋桔梗**

Eustoma russellianum

龙胆科一年生草本
别名：土耳其桔梗
原产地：墨西哥

洋桔梗株高 20 ~ 70 cm，品种有高性或矮性，叶银绿色，卵圆形先端尖。花冠宽阔呈钟形，花形有单瓣、重瓣，花色繁富而鲜明艳丽。杂交种花形大，花姿幽秀华丽，甚得人们喜爱。此类植物观赏价值极高，不但适于花坛成簇栽培，亦可盆栽或切花。花期亦长，花谢花开，维持 2 个月以上，花期春末至秋季。

●繁殖：用播种法，秋季或初冬播种，春季开花，冬季或早春播种，夏至秋季开花。发芽适温 15 ~ 22 ℃。播种培养土以疏松的砂质壤土为佳，种子好光性，播种后置于 60% 日光下，保持湿度，10 ~ 15 日发芽，待苗本叶 6 ~ 8 枚时移植栽培。

●栽培重点：培养土以肥沃富含有机质的壤土最佳，排水应良好，日照应充足。小苗栽植成活后，宜少量追肥，并行摘心 1 次，以利侧枝发生，可多开花。盆栽需保持培养土湿润，勿任其过度干旱，影响生长，尤其开花期间需水分较多。追肥每月施用 1 次，各种有机肥料如豆饼、油粕或肥料三要素均理想。若花蕾着生多，则花朵较小，若欲使花朵硕大，需摘除部分花蕾。性喜温暖，忌高温多湿，生长适温 10 ~ 25 ℃。病害用普克菌、亿力、大生等防治，虫害用万灵、速灭松防治。

1 洋桔梗
2 洋桔梗“海地”（栽培种）*Eustoma russellianum* 'Heidi'

芳香幽丽 - **紫芳草**

Exacum affine

龙胆科一年生草本
原产地：索科得拉岛

紫芳草

紫芳草株高仅 10 余厘米，极适合小盆栽，开花后可作室内摆饰，芳香幽丽，很受人们喜爱。叶卵形或心形，深绿色，具光泽且密生，善分枝，似小灌木状。花碟形或盘状，紫蓝色，雄蕊鲜黄明艳，并能散发浓郁的香气。春至夏季开花，成功的盆栽，开花近百朵，花谢花开，花期可维持 3 个月以上。花色另有蓝色花及白色花。

●繁殖：用播种法，秋、冬季为播种适期，种子发芽适温 15 ~ 25 ℃。种子好光性，播种时不可覆土，播种土质以疏松肥沃的砂质壤土最佳，播种后保持湿度，并接受 60% ~ 70% 光照，约 2 周内可发芽，待苗本叶 6 ~ 8 枚时移植盆栽。

●栽培重点：栽培土质以富含有机质的砂质壤土或腐叶土最佳。盆底排水应良好。盆栽宜放置稍阴凉而间接日照的地点，避免强烈日光直射，若在大棚下以 70% ~ 80% 光照生长最理想。生长期间每隔 20 ~ 30 天施用追肥 1 次，肥料三要素或各种有机肥料均佳，或预先在盆土混合腐熟堆肥作基肥，此后生长自然迅速。盆土需经常保有湿度，过分干旱容易导致生长受阻。性喜温暖，忌高温多湿，生长适温 15 ~ 25 ℃，春末开花时若遇午热高温 28 ℃以上会萎凋腐烂。花谢立即将残花剪除，可促进再结蕾开花。

观赏玉米

Zea mays 'Mini'

禾本科一年生草本
原产地：世界各地

观赏玉米是玉米的变种，植株外形比玉米矮小，高 1 ~ 2 m，茎直立。叶披针形，平形脉。春播夏秋开花，雄花顶生，雌花和果穗腋生，果穗小，有短筒形或长筒形，果粒有金黄、褐红、紫红、紫黑等色，极为殊雅可爱，熟果久藏不坏，为插花高级花材。适于庭园栽培或大型盆栽。

●繁殖：播种法，春、秋季为适期，种子发芽适温 22 ~ 27 ℃，直播为佳。

●栽培重点：栽培土质以砂质壤土为佳。排水、日照应良好。生长期间施肥 2 ~ 3 次。性喜高温多湿，生长适温 20 ~ 30 ℃。

观赏玉米

矮性兔尾草

Lagurus ovatus 'Buny Tail'

禾本科一年生草本

矮性兔尾草植株极矮小，丛生，高 10 ~ 20 cm，茎直立，全株密生绒毛。叶披针形，平行脉，叶鞘包茎。春季开花，顶生，圆锥花序，灰白至淡绿色，酷似小白兔的尾巴，极为可爱，为插花或干燥花高级花材。适于庭园栽培或小型盆栽。

●繁殖：播种法，春、秋季为适期，种子发芽适温 15 ~ 20 ℃。

●栽培重点：栽培土质以腐殖土或砂质壤土为佳。排水、日照应良好。生长期间施肥 2 ~ 3 次。性喜温暖，忌高温多湿，生长适温 15 ~ 25 ℃。

矮性兔尾草

叶芹草、蓝眼花

Nemophilia maculata（叶芹草）
Nemophilia manziesii（蓝眼花）

田亚麻科一年生草本
别名：粉蝶花
原产地：北美洲

叶芹草株高 15 ~ 30 cm，茎肉质，茎叶被毛；叶片羽状裂叶，裂片卵形。春季开花，腋生，花瓣 5 片，白色带紫蓝色斑点和线纹，花姿清逸脱俗。适于花坛美化或盆栽。

蓝眼花株高 15 ~ 30 cm，茎肉质。叶片羽状深裂，裂片椭圆状线形；春季开花，腋生，花瓣 5 片天蓝色，中心白色，花色殊雅别致。适合花坛美化或盆栽。

●繁殖：播种法，秋、冬至早春为适期。种子发芽适温 15 ~ 20 ℃。种子具好光性，不需覆土。

●栽培重点：栽培土质以腐殖土或砂质壤土为佳。成长期间施肥 2 ~ 3 次，生长后期提高磷、钾肥比例有利开花。性喜温暖、湿润、向阳之地，生长适温 15 ~ 25 ℃，日照 70% ~ 100%。忌高温炎热或培养土长期潮湿。

1 叶芹草
2 蓝眼花

芹叶钟穗花

Phacelia tanacetifolia

田亚麻科一年生草本
原产地：美国、墨西哥

株高 70 ～ 120 cm，茎被长毛。二回羽状裂叶，小叶粗齿状缘，叶面密被细毛。春末至夏开花，聚伞花序顶生，小花 5 裂紫色至蓝紫色，花蕊细长。适合庭园美化、盆栽，也是蚜蝇的蜜源植物，种植在作物间可防治蚜虫，亦可当绿肥。

●繁殖：播种法，春季为适期。种子发芽适温 18 ～ 25 ℃。

●栽培重点：栽培土质以腐殖土或砂质壤土为佳。成长期间施肥 2 ～ 3 次，生长后期提高磷、钾肥比例有利开花。性喜温暖至高温、干燥至适润、向阳之地，生长适温 18 ～ 28 ℃，日照 80% ～ 100%。

芹叶钟穗花

唇形科 LAMIACEAE (LABIATAE)

红花鼠尾草、粉萼鼠尾草

Salvia coccinea（红花鼠尾草）
Salvia farinacea（粉萼鼠尾草）

唇形科多年生草本
别名：
红花鼠尾草又名红花撒尔维亚、红花绯衣草
粉萼鼠尾草又名修容绯衣草
原产地：
红花鼠尾草原产于墨西哥
粉萼鼠尾草原产于美国

红花鼠尾草与粉萼鼠尾草原为多年生宿根草本，但均视为一年生草本栽培。红花鼠尾草株高 60 ～ 90 cm，枝近方形，叶心形，微皱。花顶生，花色绯红，花姿轻盈明媚，花期春至夏季。粉萼鼠尾草株高 50 ～ 70 cm，枝近方形，叶椭圆状长卵形，叶缘有粗锯齿，花顶生，花色粉蓝或粉紫，姿色幽秀高雅，可当干燥花材料，花期春至夏季。此类植物均适合花坛或盆栽，尤其大面积栽培，盛花之际，景观殊为柔美优雅。

●繁殖：用播种或扦插法，春、秋、冬为适期，种子发芽适温 20 ～ 25 ℃。种子好光性，播种后不可覆盖，保持湿润，经 10 ～ 15 天发芽，幼苗经追肥 1 ～ 2 次，高 10 ～ 15 cm 再行定植。另亦可剪取成株萌发的健壮新芽，扦插于湿润的河砂或细木屑，可发芽成苗。

●栽培重点：栽培土质以肥沃的壤土或砂质壤土为佳，排水应良好，日照充足。栽培地点避免强风，定植后摘心 1 次，促使多分枝，能多开花。追肥用肥料三要素每 20 ～ 30 天 1 次。花谢后将残花剪除，并补给肥料，能促使花芽产生，继续开花。性喜温暖至高温，生长适温 15 ～ 30 ℃，高温时期切忌长期淋雨潮湿，尤其梅雨季节应注意。花期过后，若施予强剪，可以再萌发新枝，重新生长。病害用普克菌、大生、亿力防治，虫害用速灭松、万灵防治。

1 红花鼠尾草“红衣女郎”(栽培种) *Salvia coccinea* 'Lady in Red'
2 粉萼鼠尾草“维多利亚蓝”(栽培种) *Salvia farinacea* 'Victoria Blau'
3 红花鼠尾草“珊瑚美女”(栽培种) *Salvia coccinea* 'Coral Nymph'
4 粉萼鼠尾草“白花”(栽培种) *Salvia farinacea* 'Alba'
5 粉萼鼠尾草“蓝白花”(栽培种) *Salvia farinacea* 'Strata'

喜气洋洋 - **爆竹红**

Salvia splendens

唇形科一年生草本
别名：一串红、象牙红、墙下红、洋赪桐、
绯衣草、鲜红鼠尾草
原产地：巴西

爆竹红株高 15 ~ 60 cm，叶卵形，锐头，叶缘有锯齿。花顶生，总状花序，极似一串串红爆竹，鲜红艳丽的花海极为耀眼，除红花外，另有浓紫、淡红及乳白色，紫花称一串紫，白花称一串白。花期冬至春末，花期极长，花坛栽培或盆栽均理想。

●繁殖：可用播种或扦插法，秋、冬或早春可播种，种子好光性，播种后不可覆土，发芽适温 20 ~ 25 ℃。将种子撒播于疏松湿润土壤，经 10 余天发芽，待苗本叶 4 ~ 6 枚时移植。扦插的插穗，剪自成株未带花蕾的健壮侧芽，每段 6 ~ 8 cm，并带有 4 ~ 5 枚叶片，靠近切口的叶片摘去，再扦插于湿润细砂或细木屑，保持日照 60% ~ 70%，经 10 余天可发根，待根群旺盛时再移植。

●栽培重点：培养土以肥沃的砂质壤土或壤土为佳，排水应良好，日照应充足。幼苗定植前土中混合腐熟堆肥，生长更旺盛。定植成活后即第 1 次追肥，少量施用肥料三要素，即能促使快速发育。苗高 10 ~ 12 cm 摘心 1 次，促使多分侧枝，能多开花。开花期间每隔 20 ~ 30 天施用肥料三要素 1 次，如此花朵频频绽放。花穗干枯即可采收种子，种子成熟呈黑色，必须轻轻剪下再敲落，太晚采收会掉落地面。性喜温暖至高温，生长适温 15 ~ 30 ℃。

1 爆竹红（原产巴西）*Salvia splendens*
2 一串红“紫色”（栽培种）*Salvia splendens* 'Atropurpurea'

3 4
5 6

4一串红“淡紫”（栽培种）*Salvia splendens* 'Salmon'
5一串红“鲑红”（栽培种）*Salvia splendens* 'Lavender'
6一串红“白色”（栽培种）*Salvia splendens* 'White'
7一串红“五彩”（栽培种）*Salvia splendens* 'Colourful'

珍雅花材 - **贝壳花**

Moluccella laevis

唇形科一年生草本
原产地：亚洲

贝壳花株高 40 ～ 70 cm，叶对生，近圆形或卵形，齿锯缘。春至秋季开花，小花白色，腋生，花萼甚大，翠绿色，贝壳状，切花是插花高级花材。

●繁殖：播种法，秋、冬、早春均可播种，发芽适温 18 ～ 25 ℃。

●栽培重点：栽培土质用肥沃壤土，排水、日照应良好。苗高 10 ～ 15 cm 摘心 1 次，促使分枝，追肥每月 1 次。性喜温暖，生长适温 15 ～ 25 ℃。

贝壳花

荆芥叶草 - **海胆花**

Leonotis nepetaefolis

唇形科一年生草本
原产地：北美洲

海胆花株高可达 2 m，茎方形，全株密生细毛。叶对生，阔卵形，粗锯齿缘。春夏开花，顶生，瘦果聚生成球形，管状小花多数。先端二唇形，橙黄色。花后瘦果宿存，可当干燥花材，先端如锐刺，触摸容易伤手。适于庭园美化或大型盆栽，枝叶可当香草利用。

●繁殖：播种法，春、秋季为适期，种子发芽适温 15 ～ 22 ℃，种子落地常自生。

●栽培重点：生性强健粗放，栽培土质以砂质壤土为佳。排水、日照应良好。生长期间每月施肥 1 次。性喜温暖耐高温，生长适温 15 ～ 28 ℃。

海胆花

益母草
Labiatae Lamiaceae

白花益母草
Leonurus sibiricus

唇形科一年生草本
原产地：欧洲及中国、日本、韩国

1 益母草
2 白花益母草

株高 30 ～ 90 cm，茎方形，全株密被细毛。掌状 3 全裂或羽状裂叶，裂片不规则线形或披针形。春至夏开花，轮聚繖花序腋生，花冠筒状，二唇形，紫红色，并有白花变异种。适合庭园美化、花坛或大型盆栽。药用可治月经不调、痛经、白带、肾炎水肿、淤血结块等。

●繁殖：播种法，春、秋季为适期。种子发芽适温 15 ～ 22 ℃，种子落地常自生。

●栽培重点：生性强健，栽培土质以腐殖土或砂质壤土为佳。成长期间施肥 2 ～ 3 次。性喜温暖至高温、湿润、向阳之地，生长适温 18 ～ 30 ℃，日照 70% ～ 100%，阴暗植株容易徒长，开花不良。花期过后强剪茎叶，补给肥料，可延年成多年生。

亚麻科 LINACEAE

花姿轻盈 - 红花亚麻
Linum grandiflorum

亚麻科一年生草本
别名：花亚麻
原产地：中亚、北非

红花亚麻

红花亚麻株高 30 ～ 50 cm，枝条细直柔软。叶互生，长披针形。花顶生，花瓣 5 枚，浓桃红色，具有光泽，似缎带闪闪反光，轻盈美艳。花期春季，适合花坛或盆栽。

●繁殖：用播种法，秋、冬、早春均适合播种，种子发芽适温 18 ～ 22 ℃。

●栽培重点：土质以肥沃的砂质壤土为佳，排水、日照应良好，而且要避强风。追肥每月 1 次，各种有机肥料或肥料三要素均佳，生长后期要减少氮肥，提高磷、钾肥比例促进开花。开花期间不可放任干旱，保持湿度有利开花。性喜温暖，忌高温多湿，生长适温 15 ～ 25 ℃。

楚楚动人 - **锦葵**

Malva sylvestris cv. 'Mauritiana'

锦葵科一年生草本
别名：钱葵、小蜀葵、旌节花

锦葵

锦葵株高 90 ~ 150 cm，直茎，成株能自基部抽出 3 ~ 6 支圆形主茎开花。叶互生，心形而有圆浅裂，叶面有皱，叶柄细长。花自腋出或顶生，单瓣花，5 瓣，色桃红而带有浓紫红色纵斑。花苞自主茎下部逐渐往上绽开，花期持久达 1 ~ 2 个月，姿色娇媚，楚楚动人。此类植物外形很像蜀葵，生性强健，适合花坛或大型盆栽，尤其成簇栽植于墙篱边，甚为出色。花期春至夏季，高冷地夏至秋季。

●繁殖：用播种法，种子发芽适温 20 ~ 25 ℃，种子落地常能自生幼苗再长大开花。平地秋、冬季为播种适期；高冷地春播，秋可开花，至翌年春季仍能再开花，花期比平地多出 1 个季节。由于直根性，不耐移植，最好能直播，将种子直接播种于栽培地不再移植为佳，若集中育苗作移植，带土要多，避免伤害根部。将种子撒播于松碎的土中，稍覆细土，保持湿度，经 10 余天发芽。花坛株距 30 ~ 40 cm，盆栽每 5 寸盆植 1 株。

●栽培重点：栽培土质以富含有机质的砂质壤土为佳，排水及日照应良好，阳光不良易徒长开花不良。成长及开花期间，每月施用天然肥、堆肥或肥料三要素 1 次；主茎避免折断，若枝叶已极繁盛而开花小，则忌施氮肥，甚至剪除部分叶片，可促进开花。生长适温 15 ~ 25 ℃。

艳丽非凡 - **蜀葵**

Althaea rosea

锦葵科一年生草本
别名：一丈红、熟季花
原产地：中国、叙利亚

蜀葵株高 1.5 ～ 2.5 m，全株有毛。主茎直立，叶互生，圆心形，表面粗糙皱缩。总状花序，花自主茎下方叶腋逐渐向上绽开，花期长达 2 ～ 3 个月。花型有单瓣或重瓣，花色白、红、粉红、紫红等色，盛开如纸质人造花，色彩艳丽非凡。秋季播种，冬至早春开花；冬或早春播种，春至夏季开花。平地若迟在春末以后播种，气温渐高，常有主茎停止生长现象，到了秋冬气温降低，才能继续生长。适合花坛或大型盆栽。

●繁殖：用播种法，秋、冬、早春均能播种，种子发芽适温 18 ～ 25 ℃。直根性，最好采用直播法，将种子直接播种在栽培地点或花盆中，成苗后再间拔，不再移植。若需移植，应在幼苗本叶 2 ～ 3 枚时，假植于 3 ～ 4 寸软盆中，经追肥 1 ～ 2 次，高度 20 cm 以上再定植。种子播种前先浸水 1 ～ 2 小时，播种后稍加覆土，保持湿度，经 15 ～ 20 天发芽。

●栽培重点：栽培土质以肥沃的壤土或砂质壤土最佳，排水、日照应良好。追肥每月 1 次，因花期甚长，开花期间仍应施肥，各种有机肥料或肥料三要素均理想。植株长高后，必要时设立支柱扶持，防止倒伏。性喜温暖至高温，生长适温 15 ～ 30 ℃。病害常见锈病或白粉病，可用大生、亿力、可利生等防治，虫害可用速灭精、万灵、速灭松等防治。

1 蜀葵
2 蜀葵
3 蜀葵

4 5

4 重瓣蜀葵（栽培种）*Althaea rosea* 'Flore-Plena'
5 重瓣蜀葵（栽培种）*Althaea rosea* 'Flore-Plena'

好看好吃 - **洛神葵**

Hibiscus sabdariffa

锦葵科一年生草本
别名：红角葵、萼葵、萼葵果
原产地：热带地区

洛神葵株高 1 ~ 2 m，茎和叶柄紫红色。叶互生，掌状裂叶。秋季开花，花腋生，花瓣淡黄色，内部紫红色，花后即结果，果实萼片肥厚，酷似红宝石，惹人怜爱。果枝为高级花材，萼片可制蜜饯、果酱或加水煮成洛神茶。适合庭园美化，不适合盆栽。

●繁殖：用播种法，春季为适期，种子发芽适温 20 ~ 25 ℃。直根性，最好直播。

●栽培重点：土质以壤土最佳，排水、日照应良好。株高 30 cm 摘心 1 次，追肥每月 1 次，提高磷、钾肥比例有助开花结果。性喜高温，生长适温 20 ~ 30 ℃。

洛神葵

棉花之母 - **草棉**

Gossypium herbaceum

锦葵科一年生草本
原产地：印度

草棉

草棉株高 30 ~ 90 cm。叶互生，掌状 3 浅裂。夏季 5 ~ 8 月开花，花色淡黄，果实桃形，内有 4 团洁白的棉花，甚为奇致。果枝可当花材，形似天然干燥花，种子可榨油，适合庭园点缀或大型盆栽。

●繁殖：播种法，春、秋季为适期，发芽适温 20 ~ 25 ℃。直根性，最好用直播。

●栽培重点：土质用肥沃的腐叶土或砂质壤土，排水、日照应良好。苗高约 10 cm 摘心 1 次。追肥每月 1 次，偏重磷、钾肥。花果期过后，施行强剪，能使枝叶再生成多年生。性喜高温，生长适温 20 ~ 30 ℃。

香葵

Abelmoschus moschatus

锦葵科一年生草本
别名：黄葵
原产地：中国

香葵

香葵株高 10 ~ 60 cm，全株密被粗毛茸。叶互生，掌状 3 ~ 5 裂，锯齿缘。夏至秋季开花，腋出，花冠黄色，中央蓝紫色。蒴果卵形或椭圆形。性强健，成熟种子落地能自生，适合庭植、大型盆栽或药用。

●繁殖：播种法，春至夏季为适期。

●栽培重点：栽培土质用砂质壤土或壤土，日照、排水应良好。春、夏季生长期水分要充足，追肥每月一次。花期过后立即修剪、施肥，能促使新枝萌发，成为宿根草本；植株老化应施以强剪，否则易老化死亡。性喜高温多湿。生长适温 22 ~ 32 ℃。

观花食果 - **秋葵**

Trifolium repens

锦葵科一年生草本
别名：羊角豆
原产地：
黄秋葵产于非洲
红秋葵为栽培种

黄秋葵：株高 1 ~ 2 m，全株密生细毛或粗毛。叶互生，具长柄，掌状深裂。夏至秋季开花，腋生，花冠黄色，中心暗红色。蒴果羊角形，先端尖，果皮圆形或有棱角，果肉含特殊黏液。种子圆形，大小如绿豆。普遍栽培。

红秋葵：株高 1 ~ 2 m，全株密生细毛。叶互生，具长柄，掌状深裂，茎枝、叶柄和叶脉呈暗紫红色。夏至秋季开花，腋生，花冠黄色，中心暗红色。蒴果羊角形，具棱角，果肉含特殊黏液，种子圆形。

此类植物生性强健，可观赏或食用，适合庭园栽培或大型盆栽。嫩叶、嫩果可作蔬菜食用，种子可榨油或当咖啡代用品，果枝可当插花材料。食用嫩果能治热燥性疾患、预防便秘。根具通乳、解毒之功效。花可治烫伤。

●繁殖：用播种法，春至夏季为适期，种子发芽适温 25 ~ 30 ℃，可直播或育苗移植。

●栽培重点：栽培土质以富含有机质的砂质壤土最佳，排水、日照应良好。生长期极长，整地时需大量施用基肥，追肥可用有机肥料或肥料三要素，生长期中施用 3 ~ 4 次。高性品种应立支柱扶持，避免植株倒伏。性喜高温，不耐寒霜，生长适温 23 ~ 30 ℃。

1 2

1 红秋葵（栽培种）*Abelmoschus esculentus* 'Variegata'
2 黄秋葵

含羞草科 MIMOSACEAE（豆科 LEGUMINOSAE）

奇花异卉 - **含羞草**

Mimosa pudica

含羞草科一年生草本
别名：见笑草
原产地：美洲

含羞草的茎叶一经触碰，羽叶就会合闭起来，10 ~ 20 分钟后才恢复原状，常称它为“有感觉”的植物。此乃叶柄基部上下细胞膜的胀力强弱各异，若加以刺激就会失去平衡，而产生下垂闭合现象。叶互生，羽状复叶。夏秋开花，球状浅粉红色。其特性堪称奇花异卉，适合庭植或盆栽。

●繁殖：春、秋播种，发芽适温 25 ℃。

●栽培重点：砂土或砂质壤土为佳，排水、日照应良好。枝条常修剪能矮化植株。性耐旱喜高温，生长适温 20 ~ 35 ℃。

含羞草

柳叶菜科 ONAGRACEAE

明艳悦目 - **山字草**

Clarkia unguiculata

柳叶菜科一年生草本
别名：粉妆花
原产地：北美加州

山字草株高约 1 m，若摘心矮化高 30 ~ 50 cm。茎叶绿中带褐红，花腋生，春季自成熟的主茎逐渐向上绽开，形似纸制人造花，甚为悦目。适合花坛或盆栽。

●繁殖：播种法，秋、冬季为播种适期，种子发芽适温 15 ~ 20 ℃。

●栽培重点：土质富含有机质的壤土为佳。排水、日照应良好。定植成活后摘心 1 次，促使多分枝或矮化植株。成长期间每月施肥 1 次，各种有机肥料或肥料三要素均佳；若生长旺盛，宜减少氮肥。性喜温暖，忌高温多湿，生长适温 15 ~ 25 ℃。

山字草

璀璨亮丽 - 古代稀

Clarkia amoena 'Red Eif'

柳叶菜科一年生草本
别名：送春花、东洋龙口

古代稀为春去夏来盛开之花，故名“送春花”。株高 15 ~ 60 cm，叶对生，披针形，叶面密生细毛。品种极丰富，新品种不断产生，有高性种或矮性种，花型有单瓣或重瓣。花顶生，花色有白、黄、红、粉红、绯红或复色斑纹，花瓣具有丝绸般独特鲜明光泽，亮丽闪闪令人激赏。花期春至夏季，高性种适合切花，矮性种适合花坛或盆栽。由于性喜冷凉的环境，适合在中海拔山区栽培，在平地生长和开花均不理想。

●繁殖：用播种法，秋、冬、早春为播种适期，种子发芽适温 18 ~ 22 ℃。直根性，最好采用直播法；亦可先播种于小盆钵，成苗之后方便移植，但不可伤害根部。种子播种后，稍加覆土，保持适润，经 10 ~ 15 天发芽，苗距太密应间拔，至少保持株距 20 cm 以上。

●栽培重点：栽培土质以肥沃的砂质壤土最佳，排水、日照应良好，土质若贫瘠，应先施用基肥。高性种随植株长高，应设立支柱，防止倒伏。追肥每月 1 次，各种有机肥料或肥料三要素均佳，氮肥不宜过多，应提高磷、钾肥比例，茎枝才能丰满而开花艳丽，尤其切花栽培要特别留意。性喜冷凉或温暖，忌高温多湿，生长适温 8 ~ 25 ℃。梅雨季节高温潮湿或通风不良，常有立枯病或白粉病，可用普克菌、可利生等防治，虫害用速灭松、万灵防治。

1 古代稀“六月粉”（杂交种）*Clarkia amoena* 'June Pink'
2 古代稀“红精灵”（杂交种）*Clarkia amoena* 'Red Elf'

罂粟科 PAPAVERACEAE

花姿娇媚 - **金英花**

Eschscholtzia californica

罂粟科一年生草本
别名：花菱草
原产地：北美洲

金英花株高 25 ~ 35 cm，叶互生，羽状细裂近丝状，银绿色。花顶生，花冠菱形，花色有白、黄、橙、红等色，花姿独具千娇百媚，花期春季。性喜冷凉，较适合在中、高海拔山区栽培，适合花坛或盆栽。

●繁殖：用播种法，秋、冬为适期，发芽适温 15 ~ 20 ℃。直根性，宜用直播法，种子又有嫌光性，播种后要覆细土。

●栽培重点：土质以中性的砂质壤土为佳，排水、日照应良好。追肥每 20 ~ 30 天 1 次。性喜冷凉，忌高温，生长适温 5 ~ 20 ℃。病害用普克菌防治，虫害用万灵防治。

1 金英花
2 金英花“白色”（栽培种）*Eschscholtzia californica* 'White'

清新脱俗 - **虞美人**

Papaver rhoeas

罂粟科一年生草本
别名：百般娇
原产地：亚洲、欧洲

虞美人株高 30 ～ 60 cm，茎叶有细毛，叶互生，羽状分裂。花顶生，花冠杯形，花梗细长，花姿婀娜动人，清新脱俗。花色有白、黄、橙、红、粉红等色，花期春季，适合花坛或盆栽、切花。性喜冷凉，中高海拔山区较适合栽培，平地开花较逊色。

●繁殖：用播种法，秋、冬播种，发芽适温 15 ～ 20 ℃，不耐移植，宜用直播法。种子好光性，不可覆盖，2 ～ 3 周发芽。

●栽培重点：土质用肥沃壤土，排水、日照应良好，避免潮湿或强风。追肥每月 1 次。喜冷凉忌高温，生长适温 5 ～ 25 ℃。

虞美人

有毒植物 - **蓟罂粟**

Argemone mexicana

罂粟科一年生草本
原产地：美洲

蓟罂粟分布于美洲滨海或荒地。株高 50 ～ 100 cm，全株有黄色乳液，茎有锐刺。叶互生，羽状不规则深裂或浅裂，叶缘尖刺状，两面被白粉。冬春开花，花冠黄色。果实椭圆形，具角状沟。花、叶奇特，种子有毒，误食会引起腹泻。全草具清热、止痛、解毒之效。

●繁殖：播种法，春至秋季均可播种。

●栽培重点：生性强健粗放，不择土质，但以砂质壤土最佳。排水、日照应良好。若生长不良，少量施肥即可。性喜高温，耐旱、耐瘠，生长适温 22 ～ 32 ℃。

蓟罂粟

冰岛罂粟

Papaver nudicaule

罂粟科一年生草本
原产地：北极地区

多年生草本，常作一年生栽培。株高30 ~ 60 cm，全株密被柔毛；叶卵形或披针形，羽状分裂，裂片2 ~ 4对，全缘或粗齿状缘。春至夏季开花，花冠杯形，花梗细长，花瓣4片，花色有白、黄、乳黄、橙、橙红等色，花姿娇美妍丽。可作公众展示植物。

●繁殖：秋、冬至早春播种，发芽适温15 ~ 20 ℃。不耐移植，直播或用小育苗盆育苗后再移植。

●栽培重点：栽培土质以腐殖土或砂质壤土为佳。成长期间施肥1 ~ 2次，生长后期土壤略干旱，提高磷、钾肥比例有利开花。性喜冷凉至温暖、适润、向阳之地，生长适温8 ~ 25 ℃，日照80% ~ 100%；避免炎热、强风或土壤长期潮湿。

1 冰岛罂粟
2 冰岛罂粟

蓝雪花科 PLUMBAGINACEAE

干燥花材 - **不凋花**

Statice sinuatum (Limonium sinuatum)

蓝雪花科一年生草本
别名：星辰花、匙叶花、斯太菊、矶松
原产地：地中海沿岸

不凋花顾名思义，花朵盛开之后，花被不会脱落，状似不凋谢，为干燥花或永久花制作的主要材料。植株高 50 ~ 70 cm，叶自根出，羽状分裂，着生于茎基向四方生长。春末自叶丛中抽出花茎，有 3 ~ 5 枚狭长翼，呈三角形断面，花萼甚大，花小而密集，花色有白、黄、红、桃红、紫红、蓝等色，酷似纸质人造花，切花为高级花材，也适合花坛或盆栽。

●繁殖：用播种法，秋、冬季为播种适期，种子发芽适温 15 ~ 20 ℃，播种后覆土约 0.2 cm，保持适当湿度，经 5 ~ 8 日发芽，幼苗本叶 2 ~ 3 枚时，假植于小型育苗盆，待株高 15 cm 以上再定植。由于直根性，苗株过大或移植太迟，均不利成活，必须特别留意。盆栽每 8 寸盆植 1 株，花坛株距 30 ~ 40 cm。

●栽培重点：栽培土质以肥沃富含有机质的壤土或砂质壤土最佳，酸性太强的土壤，应使用石灰加以中和。排水、日照应良好，日照不足不易开花。追肥每月 1 次，各种有机肥或肥料三要素均理想，生长后期，提高磷、钾肥比例能促进开花。性喜冷凉或温暖，生长适温 15 ~ 22 ℃，4 月以后气温渐提高，又逢梅雨季节，应注意避免高温多湿引起根系腐烂。病害用亿力、大生、普克菌等防治，虫害可用万灵、速灭松、新好年冬等防治。

1 不凋花
2 不凋花“粉红色”（栽培种）*Limonium sinuatum* 'Pink'
3 不凋花“粉紫色”（栽培种）*Limonium sinuatum* 'Pink Volet'

中亚补血草
Psylliostachys suworowii

蓝雪花科一年生草本
别名：土耳其补血草
原产地：中亚地区

株高 30 ~ 45 cm，根出叶簇生，叶片披针形，波状缘。春季开花，复穗状花序，花梗粗长，分枝长 20 cm 以上；花细小，5 瓣，粉红至淡紫红色，小花多数簇生呈指爪状，花姿奇特美艳。适合花坛美化、大型盆栽、切花或制成干燥花。

●繁殖：秋、冬季播种，种子发芽适温 15 ~ 25 ℃。

●栽培重点：栽培土质砂质壤土为佳。成长期间施肥 2 ~ 3 次，生长后期提高磷、钾肥比例，土壤干燥有利开花。花茎长高时设立格网或支柱扶持，防止倒伏折枝。性喜温暖、适润、向阳之地，生长适温 15 ~ 25 ℃，日照 80% ~ 100%，避免炎热或土壤长期潮湿。

中亚补血草

五彩缤纷 - **福禄考**

Phlox drummondii（福禄考）
Phlox drummondii 'Stellaris'
（星瓣福禄考）

花荵科一年生草本
别名：五色梅、桔梗石竹
原产地：北美洲

福禄考品种丰富，宿根性者多属高性种，性喜冷凉，较适合高冷地栽培。1、2年生者植株低矮，性喜温暖，适合平地栽培，花瓣呈星状，花色变化繁富，绮丽非凡，惹人怜爱。花期早春至春末，花坛或盆栽均理想。

●繁殖：1、2年生用播种，宿根性者用分株或扦插法。秋、冬、早春为播种适期，但以秋、冬季为佳；春季太晚播种，不利生长开花。种子发芽适温15 ~ 20 ℃，将种子均匀撒播于疏松的土中，覆盖细土约0.3 cm，浇水保持湿度，经5 ~ 7天能发芽。本叶生长后，即施用稀薄的肥料三要素或台肥速效1、2号稀液，促其成长，待苗高5 ~ 7 cm再移植。盆栽每4 ~ 5寸盆植1株，花坛株距25 ~ 30 cm。

●栽培重点：栽培土质以富含有机质的壤土或砂质壤土最佳，排水、日照应良好。定植成活后摘心1次，促使多分枝。生长期或开花期间，每隔20 ~ 30天均应施用肥料三要素追肥1次。平时培养土保持适润，切忌过度干燥或潮湿。性喜温暖，生长适温10 ~ 25 ℃。春末4 ~ 5月以后，气温渐高或梅雨季节应注意防范枝叶枯萎或腐烂，以延长花期。病害可用普克菌、亿力、大生等防治，虫害可用速灭精、万灵等防治。

1 福禄考
2 星瓣福禄考

松叶牡丹、阔叶半支莲

Portulaca grandiflora（松叶牡丹）
Portulaca oleracea cv. 'Granatus'（阔叶半支莲）

马齿苋科一年生或多年生草本
别名：半支莲、洋马齿苋、龙须牡丹
原产地：
南美洲
阔叶半支莲为栽培种

松叶牡丹

松叶牡丹品种有一年生或宿根多年生草本，株高 10 ～ 15 cm，茎呈匍匐性。叶互生，圆柱状线形，肥厚多肉，簇生叶片状似松叶，因此得名“松叶牡丹”。花顶生，花形有重瓣或单瓣，花色有红、紫、黄、白等色，色彩瑰丽悦目，常在艳阳下大放异彩，唯花朵寿命甚短，上午开花，午后即谢；至 1930 年美国 Park 种苗公司始推出全日开花品种，广受欢迎。

阔叶半支莲与松叶牡丹为同属异种植物，性状相近，但叶片较宽大，呈长卵形或倒卵形，花朵较小，花瓣常有斑纹复色嵌杂，花色丰富，开花不绝。此类植物耐旱耐高温，适合地势干燥、给水不易之地栽培，也适合花坛或盆栽，主要花期夏至秋季。

●繁殖：可用播种或扦插法。全年均能播种，但以春季为佳，发芽适温 20 ～ 25 ℃。种子细小又好光性，播种后不可覆盖，经 7 ～ 10 天发芽，本叶 4 ～ 6 枚时假植于育苗盆，茎长 6 ～ 8 cm 即可定植。另成长期间剪取健壮枝条扦插，亦能发根成苗。

●栽培重点：栽培土质以肥沃砂质壤土最佳，排水、日照应良好。追肥每月 1 次，提高磷、钾肥比例能促进开花。不可密植，土壤长期潮湿茎叶易腐烂。性耐旱喜高温，生长适温 15 ～ 30 ℃。病害用普克菌、亿力等防治，虫害用万灵、速灭松等防治。

报春花、鲜荷莲报春

Primula malacoides（报春花）
Primula obconica-hybr
（鲜荷莲报春）

报春花科一年生草本
别名：
报春花又名小樱草
鲜荷莲报春又名四季樱草
原产地：中国

1 2 3

1 报春花
2 四季樱草
3 四季樱草"晨光"（杂交种）*Primula obconica-hybr* 'Early Light'

报春花与鲜荷莲报春，原为多年生草本，但均视为一年生栽培。株高 20 ～ 30 cm，叶有椭圆或长椭圆形，浅缺刻或掌缺刻，它是典型的季节性草花，花期在每年的 12 月至翌年 3 月，为名副其实的"报春"花。品种有高性或矮性，花色以黄、白、红 3 色为主色，同株常见有不同层次的色彩，姹紫嫣红，花品高雅，颇受喜爱，适合盆栽。由于性喜冷凉，平地较难栽培，通常在高山冷凉地区温室中栽培，成为盆花后，再运到平地花市贩售，因此成本也较高，观赏后即废弃。

●繁殖：用播种法，每年 7 ～ 8 月间为播种适期（必要时先催芽），发芽适温 15 ～ 20 ℃，成苗后经 2 ～ 3 次假植，本叶 6 ～ 7 枚时再定植于 5 寸盆中。

●栽培重点：栽培土质以肥沃富含腐殖质的壤土或砂质壤土为佳，土中可预施长效肥料作基肥。栽培处宜冷凉，忌高温多湿，日照 50% ～ 70% 最佳，日照过分强烈或高温应加以遮阴，或在栽培处四周喷水，借以降低温度。生长适温 15 ～ 20 ℃，花芽分化前 10 ～ 15 ℃最佳，高温或低温均不利开花。追肥用肥料三要素或台肥速效 1、3 号稀液，每隔 10 ～ 15 天施用 1 次。培养土应保持适当湿度，干旱生长不良。

姹紫嫣红 - **西洋樱草**

Primula polyantha

报春花科多年生草本
别名：多花报春花

西洋樱草花原为多年生草本，因气候限制，均视作一年生草本。株高10余厘米，花色极丰富，有深红、紫红、桃红、紫、蓝或黄色，花瓣基部有黄、白与赤色的混合，盛开时姹紫嫣红，妩媚动人。花期春季，为极出色的春花，适合盆栽。由于性喜冷凉，限于在高山冷凉地区栽培，成盆花后再运到平地贩售，开花观赏后即废弃。

●繁殖：可用播种或分株法，但以播种为佳，春季3 ~ 5月间播种，经培育到翌年早春开花。种子发芽适温15 ~ 20 ℃，种子好光性，不可覆盖，播种于腐殖质土壤，充分浇水保持湿度，10 ~ 18天可萌芽。育苗处应阴凉，忌高温或日光直射，若能在荫棚下日照50% ~ 70%最理想。待8月间幼苗本叶有3 ~ 4枚再移植盆栽，每5 ~ 7寸盆可植1株。

●栽培重点：培养土以富含有机质的壤土最佳，或用泥炭土50%、砂质壤土50%混合调制，排水应良好。栽培处宜冷凉通风，日照50% ~ 70%，阴暗植株易徒长，夏季若日照强烈而温度高，应加以遮阴或在栽培处四周喷水，借以降低温度。幼苗定植前最好能在土中混合有机肥料或长效肥料作基肥，定植成活后每月少量施用肥料三要素或台肥速效1、3号1000倍稀释液作追肥。性喜冷凉，忌高温多湿，生长适温10 ~ 20 ℃，越夏最高温度25 ℃。

1 西洋樱草
2 西洋樱草
3 西洋樱草
4 西洋樱草

飞燕草、大飞燕草

***Delphinium ajacis*（飞燕草）**
***Delphlnium hybridum*（大飞燕草）**

毛茛科一年生草本
别名：千鸟草
原产地：
飞燕草原产于北半球温带
大飞燕草为杂交种

飞燕草与大飞燕草为同属异种植物。飞燕草株高 40 ~ 60 cm，叶互生，细裂如丝状。大飞燕草株高 60 ~ 80 cm，叶互生，近似掌状粗锯齿缘。此类植物花呈穗状，盛开时宛如飞鸟群舞而得名。花色甚丰富，有单瓣或重瓣，花期春末至夏季。尤其大飞燕草密集的紫蓝色花穗，雍容而华贵，为切花之极品，也适合花坛或盆栽。

●繁殖：播种法，秋、冬为播种适期，发芽适温 15 ~ 18 ℃。种子具有嫌光性，因此播种后必须覆盖细土，厚约 0.5 cm，保持湿度，经 7 ~ 12 天可发芽。

●栽培重点：大飞燕草直根性，不耐移植，因此以直播为宜；若需要移植，带土要多，切勿伤害根部。盆栽每 5 寸盆植 1 株，花坛株距 50 cm。栽培土质以肥沃富含有机质的砂质壤土或壤土最佳，通风及排水力求良好。日光照射要充足，荫蔽处植株易徒长，生长不良。施肥播种前在土中预埋少量腐熟堆肥作基肥，生长期间每隔 25 天施用肥料三要素 1 次。

性喜温暖的环境，忌高温多湿，生长适温 15 ~ 25 ℃。若气温过高，应设法遮阴或将盆栽移至通风阴凉处；尤其春末以后，偶有湿热的西南气流来袭，乍热极易引起飞燕草萎凋死亡，应注意防患。直立的主茎避免折断，花序才能硕大美观。

1 飞燕草
2 白花飞燕草（栽培种）*Delphinium ajacis* 'White Wings'

3 飞燕草
4 大飞燕草“蓝紫色烛光”（杂交种）*Delphinium* 'Violet Candle'
5 大飞燕草“炫耀”（杂交种）*Delphinium* 'Conspicuous'
6 大飞燕草“蓝天”（杂交种）*Delphinium* 'Blue Sky'

珍雅奇致 - **黑种草**

Nigella damascena

毛茛科一年生草本
原产地：欧洲

黑种草株高 40 ~ 60 cm，分枝多而纤细。叶羽状，小叶细裂如针状，甚为特殊。花顶生，色有桃红、紫红、紫蓝或淡黄，初开色淡渐转浓，花形花色珍雅美丽。花谢即结果，果皮赤褐色具针状刺，膨大中空，酷似吹涨的小气球，可当干燥花或饰物，奇致而可爱。内藏褐黑色种子，含挥发性芳香油，可制防臭剂。适合花坛、切花或盆栽。花期春至夏季。

●繁殖：用播种法，秋冬季 9 ~ 11 月间为播种适期，太晚播种，不利生长，种子发芽适温 15 ~ 20 ℃。种子具有嫌光性，且又不耐移植，因此以直播为宜；播种后必须覆盖厚约 0.5 cm 细土，否则种子露出见光即丧失发芽力。播种后经 12 ~ 16 天发芽。

●栽培重点：栽培土质以肥沃富含有机质的砂质壤土最佳，播种前在土中埋入少量腐熟堆肥作基肥。排水及日照应良好，通常在半日照之下或日照 70% 以上阴凉处生长亦佳。盆栽每 4 ~ 5 寸盆植 1 株，花坛株距 20 cm。性喜冷凉，生性强健，唯忌高温多湿，生长适温 7 ~ 18 ℃。生长期间若逢湿热气温突升，应遮阴降温或将盆栽移至阴凉通风处暂避，防止萎凋死亡，但在生长后期气温高达 22 ~ 25 ℃，开花仍正常。施肥每月少量施用腐熟有机肥或肥料三要素 1 次，平时培养土保持湿度，成株易倒伏，应设立支柱扶持。

黑种草

柔美脱俗 - **大耧斗菜**

Aquilegia × hybrida

毛茛科一年生草本
原产地：世界各地

大耧斗菜株高 30 ~ 50 cm，叶互生，三出复叶，小叶浅裂或深裂。春季开花，顶生，萼片成瓣状，花冠风车形，花姿柔美妍丽，极为脱俗。此花原是宿根草本，适合高冷地栽培，平地不易越夏，通常作一年生栽培，适合盆栽或切花作插花材料。

●繁殖：播种法。高冷地春、秋季，平地秋至冬季可播种，发芽适温 13 ~ 18 ℃。

●栽培重点：土质以疏松肥沃的腐殖质土为佳，排水、日照应良好。施肥 20 ~ 30 天一次。性喜冷凉，忌高温多湿，梅雨季节避免长期潮湿，生长适温 15 ~ 22 ℃。

1 2

1 大耧斗菜
2 大耧斗菜

美人襟科 SALPIGLOSSIDACEAE
（茄科 SOLANACEAE）

幽秀华贵 - **紫水晶**

Browallia speciosa

美人襟科一年生草本
别名：长管歪头花
原产地：哥伦比亚

紫水晶株高 15 ～ 20 cm，叶披针形，花腋生，花梗黑紫色，花冠长管状，花瓣紫蓝色，喉部白色，盛开时晶莹剔透，幽秀而华贵，很受喜爱。花期冬末至春季，适合吊盆栽培或盆栽，花期甚长。

●繁殖：用播种法，秋、冬、早春播种为佳，春季迟播不利生长开花。种子发芽适温 15 ～ 25 ℃，播种后稍镇压，不必覆土，保持适润，经 7 ～ 10 天发芽。幼苗经追肥 1 ～ 2 次，待株高 6 ～ 8 cm 再移植盆栽；每 5 ～ 6 寸盆植 1 株，吊盆栽培每 2 ～ 3 株合植 1 盆。

●栽培重点：栽培土质以肥沃富含有机质的砂质壤土最佳，排水应良好，日照要充足。荫蔽植株易徒长，不易开花或开花不良。幼苗定植成活后摘心 1 次，促使多分侧枝。追肥使用有机肥料或肥料三要素，每月施用 1 次；生长后期提高磷、钾肥比例，减少氮肥，并稍给予干旱，能促进花芽分化多开花。性喜温暖，忌高温多湿，生长适温 15 ～ 25 ℃，若有高温乍热 28 ℃以上，应将盆栽移至凉爽通风的地点，以防枯萎死亡。冬季寒流来袭，气温低于 10 ℃，应将盆栽移至温暖避风处，避免寒害。应避免强风吹袭而折枝或倒伏。病害可使用普克菌、亿力、大生等防治，虫害可用万灵、速灭松、地蜜、好年冬等防治。

1 2

1 紫水晶“蓝色巨人”（栽培种）*Browallia speciosa* 'BlueTroll'
2 紫水晶“淡蓝”（栽培种）*Browallia speciosa* 'Tinge Blue'

娇艳动人 - **矮牵牛**

Petunia hybrida（矮牵牛）
Petunia hybrida cv. 'Flore-Pleno'
（重瓣矮牵牛）

美人襟科一年生草本
别名：毽子花、撞羽朝颜

1 矮牵牛
2 矮牵牛
3 矮牵牛
4 矮牵牛
5 矮牵牛
6 矮牵牛
7 矮牵牛
8 重瓣矮牵牛
9 重瓣矮牵牛

矮牵牛不是矮性的牵牛花，株高15 ~ 30 cm，茎叶有细毛。叶椭圆形或长卵形。花腋生，花形有单瓣、重瓣或多花性小花品种。花色极丰富，有白、红、紫、紫蓝、橙红、玫瑰红等色，极适合盆栽或花坛栽培。花期甚长，冬季至春末花谢花开，陆续不绝。花坛栽植当花盛开时，一片五彩缤纷、娇艳瑰丽的景象，颇为妩媚动人。

●繁殖：用播种法，早春、秋、冬均能播种，但以早秋播种者花期最长。发芽适温20 ~ 25 ℃，种子好光性，不可覆土，种子撒播于疏松湿润砂质壤土，约经1周可发芽，幼苗本叶4 ~ 5枚时假植于小盆钵，待本叶10枚以上再定植，盆栽每5寸盆植1株，花坛株距15 ~ 25 cm。种子极细小，灌水宜小心，不可溢满流失。盆播可用盆底吸水法湿润盆土。

●栽培重点：栽培土质以富含有机质的砂质壤土或腐殖质壤土为佳，定植前土中混合有机肥料作基肥。栽培处排水应良好，日光照射应充足，若日照不足，植株易徒长高大，开花不良。另植株脆弱，尽量选择避风处栽植。花期长，成长期或开花期每20 ~ 25天施用肥料三要素1次。开花后极易结种子，可自行采收贮藏，但繁殖的后代容易退化，植株抽长且开花渐小，因此杂交第1代开花最大最美。性喜温暖，忌高温多湿，生长适温10 ~ 30 ℃。

千娇百媚 - **蛾蝶花**

Schizanthus pinnatus

美人襟科一年生草本
别名：群蝴蝶、荠菜花
原产地：智利

蛾蝶花株高 20 ～ 40 cm，茎叶密生细毛。叶羽状复叶，小叶有不规则浅裂或深裂。花顶生，花瓣 8 ～ 12 枚，大小不一对称排列，花色富变化，具有不同的色彩镶嵌，花形酷似飞舞的蝴蝶，姿态千娇百媚，令人喜爱。花期春季，花谢花开，花期甚长，适合花坛或盆栽。

●繁殖：用播种法，秋、冬季为播种适期，种子发芽适温 15 ～ 20 ℃。种子有嫌光性，播种后要覆盖细土，保持适当的湿度，经 10 ～ 15 天发芽。幼苗经追肥 1 ～ 2 次，高度 10 ～ 15 cm 再移植花坛或盆栽，花坛株距 30 ～ 40 cm，盆栽每 6 寸盆植 1 株。定植后应稍遮阴，忌强烈日光直射，待 3 ～ 5 日恢复生长后再接受日照。

●栽培重点：栽培土质以肥沃富含有机质的砂质壤土或腐叶土为佳，排水力求良好，日照要充足。冬季若能培养在温室内，避免寒流侵袭又光照充足，生长最佳。定植成活后摘心 1 次，促使多分枝，能多开花。追肥每 20 ～ 30 天 1 次，各种有机肥料或肥料三要素均理想；或以台肥速效 1、3 号轮流施用。花谢后将谢花剪除，能促使新芽产生再开花。性喜温暖，忌高温多湿，生长适温 15 ～ 25 ℃，生长期间若有闷热的气温，应设法通风，降低温度，防止枯萎死亡。病害可用普克菌、亿力防治，虫害用万灵、速灭松、好年冬等防治。

1 蛾蝶花
2 蛾蝶花

美人襟

Salpiglossis sinuata

美人襟科一年生草本
原产地：智利

株高 30 ~ 60 cm，茎直立，茎叶密被柔毛。叶披针形，全缘或羽状浅裂。春季开花，圆锥花序顶生，花冠漏斗状，先端 5 裂，裂片微凹；花形近似矮牵牛，但花瓣具有红、黄色细斑纹，适合花坛美化、盆栽。园艺栽培种有皇家美人襟，花色有红、黄紫、蓝、双色或多色镶嵌，极为美艳出色。

●繁殖：秋、冬季播种，发芽适温 18 ~ 25 ℃。

●栽培重点：栽培介质以腐殖土或砂质壤土为佳。生长期间施肥 3 ~ 4 次。性喜温暖、湿润、向阳之地，生长适温 15 ~ 25 ℃，日照 80% ~ 100%，日照不足植株易徒长，开花不良。成长期间避免炎热、土壤长期潮湿。开花后浇水宜在土面上，避免直接冲淋花朵。

1 美人襟
2 艳紫美人襟（栽培种）*Schizanthus sinuata* 'Purple Robe'

纤柔奇丽 - **柳穿鱼**

Linaria bipartita

玄参科一年生草本
别名：二至花、彩雀花、姬金鱼草
原产地：葡萄牙、北非

柳穿鱼株高 20 ~ 40 cm，叶呈线形，枝叶细如柳，开花似金鱼草，因此得名柳穿鱼。花姿似群舞的彩雀，所以又名彩雀花。枝条纤细修长，叶片狭长几成针形，成株自然分枝极多，丛生状，每 1 小枝径 0.2 ~ 0.4 cm，质地柔软，密生细茸毛，常由于风吹倒伏或向日性呈弯曲状，甚为雅致。春到初夏开花，自枝条先端逐渐向上绽开，花紫红色，唇瓣中心鲜黄，瓣基部后方有一针形瓣，花形小巧，惹人怜爱。花期极长，花谢花开，观赏期可持续 3 个月，适合花坛栽培或盆栽。

●繁殖：用播种法，秋、冬或早春均适合播种，但以秋、冬为佳，种子发芽适温 15 ~ 20 ℃，播种后保持湿润，约 15 天发芽。幼苗枝条 4 ~ 6 枝时移植。

●栽培重点：栽培土质以肥沃富含有机质的砂质壤土最佳，日照、排水应良好，盆栽每 5 寸盆植 1 株，花坛株距 30 cm。生长或开花期间，每隔 20 ~ 30 天施用肥料三要素追肥 1 次。盆栽水分易蒸发，盆土宜经常保持湿度，开花期早晚各 1 次。主茎最早结蕾者，最好将花蕾摘除，可促使侧芽均衡生长多开花。开花后若有结实，成熟时可自行采种保存，待春、秋季再播种。性喜温暖忌高温，生长适温 10 ~ 25 ℃。病害可用普克菌、亿力、好速杀等防治。

1 2

1 柳穿鱼
2 柳穿鱼“蓝孔雀鱼”（杂交种）*Linaria maroccana* 'Blue Guppy'

婀娜多姿 - **金鱼草**

Antirrhinum majus

玄参科一年生草本
别名：龙头花、龙口花、兔子花
原产地：地中海沿岸

金鱼草株高 15 ~ 100 cm，叶披针形，花为总状花序，婀娜多姿，花期早春至春末。品种有高性、中性或矮性，高性及中性种较适合切花或花坛栽培，矮性种适合盆栽。

●繁殖：用播种法，秋、冬、早春为播种适期，种子发芽适温 15 ~ 20 ℃，温度过高不易发芽。种子极细小，可混合 2 倍细河沙增加分量再播种，浇水要小心，避免溢满流失种子。盆播者浇水后，盆口可覆盖 1 块透明塑料布，盆底垫 1 水盆，反由底部排水孔吸水保湿；种子见光者约经 1 周可发芽，种子若被土壤覆盖，不能见光，则会延迟 5 ~ 6 天发芽。幼苗本叶出现后，施用稀薄肥料三要素追肥 1 次，待苗高 5 ~ 8 cm 再移植盆栽或花坛。

●栽培重点：栽培土质用排水良好的肥沃砂质壤土或壤土，日照应良好，若日照不足植株易徒长，开花不良。幼苗定植前土壤宜先混合有机肥料作基肥。成活后主茎有 4 ~ 5 节时摘心 1 次，促使多分侧枝，可多开花。生长期间追肥 20 ~ 30 天 1 次，肥料三要素或各种有机肥料均理想。平时培养土应保持湿度，切勿任其干旱，而使生长受阻。高性种植株高大，必要时设立尼龙网或支柱扶持，防止倒伏折枝。幼苗容易发生立枯病，可用好速杀、普克菌、亿力等防治。性喜冷凉或温暖，忌高温多湿，生长适温 10 ~ 23 ℃。

1 2 3

1 金鱼草
2 金鱼草“花毯”（栽培种）*Antirrhinum majus* 'Carpet'
3 金鱼草“奇美”（栽培种）*Antirrhinum majus* 'Chimes'

爱蜜西、龙头花

Nemesia strumosa（爱蜜西）
Mimulus hybridus（龙头花）

玄参科一年生草本
别名：囊距花
原产地：
爱蜜西原产于非洲
龙头花为杂交种

爱蜜西、龙头花株高 15 ~ 25 cm，叶对生，披针形或卵形，叶缘有刺状锯齿。春至春末开花，顶生，花色依品种而别，常见有黄、铜红、橙红为主色，花瓣着生许多斑彩或斑点，盛开时明妍多姿，适合盆栽。由于性喜冷凉，生长适温 15 ~ 22 ℃，冷凉山区栽培为佳，南部平地高温较难栽培。

●繁殖：播种法，秋、冬季为播种适期，种子发芽适温 15 ~ 20 ℃，种子极细小，播种时混合少量细砂，增加分量后再播种，播种培养土使用细木屑、细河沙调制。爱蜜西种子有嫌光性，播种后要稍覆盖细土，经 1 ~ 2 周能发芽，待本叶有 4 枚以上移植于小花盆，加以肥培，苗高有 10 cm 以上再移植盆栽。盆栽每 6 寸盆可植 1 株。

●栽培重点：土质以肥沃富含腐殖质的砂质壤土为佳，排水应良好，栽培处忌强烈日光直射，日照 50% ~ 70% 最佳。定植前用台肥长效肥料或少量油粕作基肥，成长期间每 20 天喷洒 1 次台肥 1、3 号作追肥。培养土应经常保持适当的湿度，干旱生长受阻。性喜冷凉或温暖，忌高温多湿，若有乍热的气温高达 28 ℃以上，必须设法降温，否则茎叶易枯萎死亡。花谢后将残花剪除，可促使新的花蕾产生再开花。

1 爱蜜西
2 爱蜜西
3 爱蜜西“五月花”（栽培种）*Nemesia strumosa* 'May Flower'
4 龙头花“神奇”（栽培种）*Mimulus × hybrida* 'Magic'

幽柔美丽 - **夏堇**

Torenia fournieri

玄参科一年生草本
别名：花公草、花瓜草、蝴蝶草
原产地：越南

1 夏堇“蓝色美人”（栽培种）*Torenia fournieri* 'Blue Beauty'
2 夏堇“桃红小丑”（栽培种）*Torenia fournieri* 'Pink Clown'

夏堇株高 20 ~ 30 cm，分枝极多。叶对生，长心形，叶缘有细锯齿。花顶生，花形酷似金鱼草，花色有白、紫红或紫蓝，喉部有黄色斑点，花期极长，为夏季花卉匮乏时期的优美草花；其姿色幽逸柔美，在酷热的盛夏，能带给我们几许凉意，适合花坛或盆栽，花期夏季至秋季，尤其耐高温，很适合屋顶、阳台、花台栽培，成熟种子落地，亦能萌芽成长开花。

●繁殖：用播种法，全年均能播种，但以春季为佳，若在秋、冬季播种，冬季应保温越冬，种子发芽适温 20 ~ 30 ℃。种子极细小，混合少量细砂再播种，播种后不必覆盖细土，必须保持湿润，才能顺利发芽。播种后 10 ~ 15 天发芽，经追肥 1 ~ 2 次，株高约有 10 cm 以上再移植，盆栽每 6 寸盆植 1 株，花坛株距 30 ~ 40 cm。

●栽培重点：栽培土质选择性不严，但以肥沃的壤土或砂质壤土为佳，排水、日照应良好。若生长良好，就不必施肥；若生长不佳，可使用各种有机肥料或肥料三要素，每月追肥 1 次，性虽耐旱，但土壤常保适润有助生长，尤其春末以后气温逐渐升高，生长更迅速。生性强健容易开花，性喜高温，生长适温 15 ~ 30 ℃。栽培地点若通风良好，甚少发生病虫害，若有病害可用亿力、普克菌防治，虫害用好年冬、万灵、速灭松等防治。

珍雅可爱 - **荷包花**

Calceolaria herbeohybrida

玄参科一年生草本
别名：蒲包花

荷包花株高约 20 cm。叶卵形或广卵形，伞房花序，花形极为特殊，当花盛开时，植株挂满了一串串钱包似的小花，玲珑可爱，因故得名。花色有红、橙红、黄色，具有细小斑点，色泽美艳。由于性喜冷凉的气候，高冷地较适合栽培，平地高温多湿，较难栽培。花期春季，适合盆栽。

●繁殖：用播种法，秋、冬季均适合播种，发芽适温 15 ~ 20 ℃，播种土质以泥炭土、细木屑、细沙混合调制为佳。种子极细小，小心浇水，勿溢满流失。种子好光性，上面覆盖玻璃或透明塑料布保湿，经 8 ~ 13 天发芽，待本叶生长以后移植于小盆钵，本叶 6 ~ 8 枚再定植于大的盆钵。育苗应保持冷凉通风，日照 50% ~ 60%，忌强烈日光直射。

●栽培重点：盆栽培养土以富含腐殖质的肥沃砂质壤土最佳，排水应良好；或用泥炭土 40%、细木屑 20%、珍珠岩 10%、砂质壤土 30% 调制，并预埋有机肥料或台肥长效肥料作基肥。栽培处忌强光直射，以 60% ~ 70% 日照最理想。生长期间用台肥速效 1、3 号作追肥，每 10 天喷洒或浇灌 1 次。性喜冷凉，忌高温多湿，生长适温 10 ~ 22 ℃。土壤需经常保持湿度，但浇水时尽量避免水分滞留叶片。病害可用普克菌、可利生、亿力、大生等防治。

1 荷包花
2 荷包花

好看好吃 - **观赏小番茄**

Lycopersicon esculentum

茄科一年生草本
原产地：美洲

观赏小番茄

番茄是富含维生素的果蔬之一，无论生食、炒食或作汤风味均佳。植株属半蔓性植物，茎叶分枝多，表皮有粗刚细毛和油腺，分泌带有特殊味道的绿色油分。观赏小番茄也是番茄的一种，此类植物是指果实小巧玲珑可爱，可当观赏植物而言。许多观果植物不能食用，然而观赏小番茄的果实味道鲜美，可以采食，既卫生又营养，成熟的果实鲜红或鲜黄。生性强健，成株结果容易，每株结果 50 粒以上，全年均能栽培、开花、结果，也适合盆栽。

●繁殖：繁殖用播种法，种子发芽适温 20 ~ 30 ℃，春、秋、冬季均适合播种。播种土质以疏松壤土为佳，苗本叶 5 ~ 6 枚移植盆栽或露地栽培，盆栽每 1 尺盆植 1 株。

●栽培重点：栽培土质以壤土最佳，排水应良好，日照应充足，若土质含砂要注意水分补给，若土质富黏性，应注意排水。定植成活后摘心 1 次，使分枝增加，随后仅留 3 分枝作主枝，其他侧芽一并摘除。花穗通常自第 7 叶片着生，以下的侧芽需摘除。植株过高设立支柱扶持，防止倒伏。定植前宜在土中施用有机肥料、堆肥等作基肥，生长期间或结果期间再少量施用肥料三要素补给。氮肥比例不宜过多，否则仅能促使枝叶旺盛，不利开花结果。生长适温 15 ~ 30 ℃。病害用亿力、大生防治，虫害用速灭松、万灵防治。

晶美逸雅 - **观赏茄**

Solanum melongena 'Ovigerum'（玩具蛋茄）
Solanum melongena cv. 'Inerme'（黄茄）
Solanum × *hybrida*（樱桃茄）
Solanum muricatum（南美香瓜茄）

茄科一年生草本
原产地：秘鲁、智利

1 玩具蛋茄
2 玩具蛋茄

观赏茄类品种有一年生或宿根多年生草本，株高 30 ~ 90 cm。叶互生，广卵形或椭圆状菱形，波状缘或不规则深裂，全株披被细绒毛。花腋生，紫蓝色，星形。若授粉良好，花后即结果，果实晶美可爱，果色优雅，全年均有花果观赏，适合庭园点缀、盆栽或切枝；结果枝置久不凋，为插花高级材料。生性强健，栽培约 2 个月后即有花果观赏。

玩具蛋茄：株高 30 ~ 50 cm，果实卵形，幼果纯白，外形好似鸡蛋，甚为雅致，成熟渐转金黄色，果期极长，为观赏茄类中的优良品种，亦可当蔬菜食用。

黄茄：株高 60 ~ 80 cm，果实卵形，幼果淡绿，成熟转金黄色，果实多，性粗放。

樱桃茄：别名红铃，枝条紫黑或绿色，果实球形，径 2 ~ 3 cm，具棱状突起，幼果淡绿，成熟转黄至橙红，成株结果上百粒，晶丽无比，果枝是插花高级花材。

●繁殖：用播种法，除冬季外，其他 3 季均适合播种，发芽适温 20 ~ 25 ℃。将种子撒播于疏松土壤上，稍加覆土，保持湿度，经 5 ~ 8 天能发芽。幼苗经追肥 1 ~ 2 次，高度 7 ~ 10 cm，再移植栽培。

●栽培重点：盆栽每 6 ~ 8 寸盆植 1 株，露地栽培株距 40 ~ 70 cm，尤其切枝栽培，株距力求宽大。同地避免连作，植株才能健旺。栽培土质以肥沃富含有机质的壤土或砂质壤土为佳，排水、日照应良好，排水不良根部易腐烂，日照不足植株易徒长，开花结果不良。株高 10 ~ 15 cm 摘心 1 次，促使多分侧枝，可增加结果枝。生长期施肥每月 1 次，各种有机肥料或肥料三要素均佳，提高磷、钾肥比例有利结果。若氮肥过多，叶片旺盛，不利开花结果，必要时摘除部分叶片。果期过后立即修剪整枝，再补给肥料，能促进萌发新枝再开花；尤其施行强剪，能使植株再生，甚至成宿根多年生。

性喜温暖至高温，生长适温 20 ~ 30 ℃，若超过 30 ℃，可能有授粉不良现象，开花多而结果少。病害可用普克菌、亿力防治，虫害可用万灵、速灭松等防治，在通风不良之地，常有红蜘蛛为害，寄生叶背，导致叶片缺乏叶绿素变灰白，生长停顿，需用杀螨剂防治。

3玩具蛋茄
4黄茄
5樱桃茄

可观赏可食用 - **观赏辣椒**

Capsicum annuum 'Cerasiforme'（五彩椒）
Capsicum annuum 'Holiday Time'（长锥五彩椒）
Capsicum annuum 'Variegata Fips'（斑叶尖头五彩椒）
Capsicum chinensis（钟果椒）
Capsicum annuum 'Pumpkin'（南瓜椒）
Capsicum annuum 'Fiesta'（长果朝天椒）
Capsicum × *hybrida*（巨霸大辣椒）

茄科一年生草本
原产地：
五彩椒、长锥五彩椒、斑叶尖头五彩椒、南瓜椒、长果朝天椒为栽培种
钟果椒原产于巴西、洪都拉斯
巨霸大辣椒为杂交种

观赏辣椒类品种极多，由于容易杂交变种，新品种不断产生；原为多年生草本，常当作一年生栽培。株高 20 ~ 70 cm，叶有长椭圆形、卵形至卵状披针形。全年均能开花结果，花腋生，白色，星形；果实有球形、卵形、锥形或长条形，果色有黄、乳黄、橙、红、紫、黑等变化，如五彩椒、长锥五彩椒、尖头五彩椒、长果朝天椒、南瓜椒、钟果椒等，适合花坛美化、盆栽、食用。

●繁殖：播种法，全年均可育苗，华南地区以春至夏季为佳。种子发芽适温 22 ~ 30 ℃。

●栽培重点：栽培介质以壤土或砂质壤土为佳，同地忌连作；排水应良好，排水不良或培养土长期潮湿根部易腐烂。成长期间施用肥料三要素或有机肥料 2 ~ 3 次，生长后期增加磷、钾肥比例能促进开花结果。性喜温暖至高温、适润、向阳之地，生长适温 15 ~ 35 ℃，日照 80% ~ 100%，日照不足开花结果不良。

1 长锥五彩椒
2 五彩椒
3 斑叶尖头五彩椒
4 钟果椒
5 南瓜椒
6 长果朝天椒
7 巨霸大辣椒

迷你茄果 - **南美香瓜茄**

Solanum muricatum

茄科一年生草本
别名：南美香瓜梨
原产地：南美洲

南美香瓜茄株高 60 ～ 90 cm，自然分枝多，全株披被细茸毛。叶互生，单出或 3 裂片或 3 出叶。冬至春季开花结果，果实为浆果，卵形、圆球形或椭圆形，未熟果白绿色，成熟后橘黄色，果表带有紫红或赤紫色斑纹，果肉黄色，富香气，味美多汁，食用味道似甜瓜，为热带水果类之一。从栽植到开花结果仅 100 ～ 120 天，观果、食果两相宜，颇受欢迎。

●繁殖：用播种或扦插法，春、秋 2 季为适期，发芽适温 18 ～ 22 ℃。播种成苗后，本叶有 5 ～ 7 枚即可移植盆栽。扦插的插穗剪中熟枝条，每段约 15 cm，扦插于河砂、细木屑调制的培养土，经 20 ～ 30 天能发根，待根群生长旺盛后再移植。

●栽培重点：盆栽每 7 寸盆植 1 株，露地栽培株距 50 ～ 60 cm。栽培土质以疏松肥沃的壤土或砂质壤土为佳。排水、日照应良好。定植前土中预埋基肥，生长期间每月追肥 1 次，肥料三要素或台肥速效 1、3 号均佳。若枝叶已旺盛，氮肥要减少，提高磷、钾肥比例有利结果。成长后每株留侧枝 3 ～ 5 枝为宜，其他剪除。开花结果后，每个果房留果 2 ～ 3 粒，其他应摘除。株高应设立支柱，避免倒伏。性喜温暖多湿，忌高温干燥，生长适温 18 ～ 25 ℃。通风不良常有白粉病或红蜘蛛为害，可用白粉克或杀螨剂防治，一般虫害用速灭松防治。

1 2

1 南美香瓜茄
2 南美香瓜茄

有毒植物 - **曼陀罗**

Datura metel

茄科一年生草本
原产地：印度

曼陀罗株高 60 ~ 120 cm，茎紫黑色。叶卵形，基部不对称歪形，先端锐，全缘或有缺刻状锯齿。春至夏开花，夜开性，花冠漏斗形，白色。蒴果球形，外被短刺，成熟会裂开，内有多数种子。生性强健，海滨及荒地常见自生，雅俗共赏，适合庭植或大型盆栽、药用。全株有毒，不可误食。

●繁殖：播种法，春、夏、秋季均适合播种，种子发芽适温 22 ~ 28 ℃。

●栽培重点：栽培土质以砂质壤土最佳，日照、排水应良好。成长期间少量补给肥料即可。生长适温 20 ~ 30 ℃。

曼陀罗

酸浆

Physalis alkekengi var. *franchetii*

茄科多年生草本
别名：灯笼茄
原产地：中国、日本、韩国、俄罗斯

多年生草本，常当作一年生草本栽培。株高 60 ~ 100 cm，叶卵形，不规则浅裂缘。春至夏季开花，花腋生，花萼钟形，花冠星形，乳黄色；花萼宿存成灯笼形，径 3 ~ 5 cm，具浅 7 ~ 12 棱，红至橙红色，甚美艳；浆果球形，熟果红色。适合庭园美化、盆栽，果枝可作花材。

●繁殖：春、秋季播种，种子发芽适温 20 ~ 25 ℃。

●栽培重点：生性强健，栽培介质以腐殖土或砂质壤土为佳。成长期间施肥 2 ~ 3 次，生长后期增加磷、钾肥比例能促进开花结果。性喜温暖、湿润、向阳之地，生长适温 15 ~ 25 ℃，日照 70% ~ 100%，成长期间避免高温潮湿。

酸浆

苦职、秘鲁苦职

Physalis angulata（苦职）
Physalis peruviana（秘鲁苦职）

茄科一年生草本
别名：
灯笼果、灯笼草
原产地：
秘鲁苦职原产于南美洲
苦职原产于热带美洲

苦职：在低海拔平地驯化，株高可达 70 cm，全株近光滑。叶卵形，不规则锯齿缘。春夏开花，淡黄色。浆果径 0.5 ~ 1 cm。

秘鲁苦职：在中海拔山区驯化，株高可达 90 cm，全株被毛。叶卵形，基歪，叶缘缺刻状。春夏开花，淡黄色，内侧有 5 个紫黑斑。浆果径 1.5 ~ 2 cm，熟果可食用。

●繁殖：播种法，春、秋季为适期。

●栽培重点：栽培土质以腐殖土或砂质壤土为佳，日照应良好。苦职性喜高温多湿，生长适温 22 ~ 30 ℃。秘鲁苦职性喜温暖，忌高温多湿，生长适温 15 ~ 25 ℃。

1 秘鲁苦职
2 秘鲁苦职
3 苦职

观花赏萼 - **假酸浆**

Nicandra physalodes

茄科一年生草本
原产：秘鲁

假酸浆株高 60 ～ 120 cm，茎带紫黑色。叶互生，卵形，叶缘有粗锯齿。春季开花，腋生，花冠杯形，粉紫色。花萼宿存，心形，五棱合翼状，形似小灯笼，干燥后如同天然干燥花，久藏不凋，为插花高级花材。适合庭园美化或大型盆栽。

●繁殖：播种法，春、秋季均适合播种，但以春季为佳，发芽适温 20 ～ 25 ℃。

●栽培重点：栽培土质以砂质壤土为佳，排水、日照应良好。苗高 15 ～ 20 cm 摘心，促使多分侧枝。成长期间每月施肥一次。性喜高温，生长适温 22 ～ 28 ℃。

假酸浆

绮丽美艳 - **花烟草**

Nicotiana sanderae

茄科一年生草本
别名：美花烟草、烟仔花、烟草花
原产地：南美洲

花烟草株高 30 ~ 50 cm，全株茎叶均有细毛，叶为披针形，花自顶生，花茎长达 30 cm，花喇叭状，花冠圆星形，中央有小圆洞，内藏雌雄蕊。小花由花茎逐渐往上开放，花色有白、淡黄、桃红、紫红等色，盛开时绮丽美艳，颇受喜爱。花期春至春末，适合花坛或盆栽。同类植物有“香花烟草”，株形高大，多年生，花具香味，花色亦丰富。

●繁殖：播种法，春、秋季为播种适期，但以早春播种为佳，发芽适温 18 ~ 25 ℃。将种子均匀撒播于土面，种子好光性，不可覆土，应充分见光，浇水保持湿度，土面再覆盖 1 块透明塑料布，待幼苗本叶 4 ~ 6 枚时移植栽培。盆栽每 5 寸盆植 1 株，花坛株距 30 cm。

●栽培重点：土质以富含有机质的砂质壤土为佳，排水应良好，排水不良根部容易导致腐烂。日照不足植株易徒长，开花疏松而色淡不美观。定植成活后摘心 1 次，促使多分枝，并施用肥料三要素追肥，促使快速成长，此后每隔 30 天再追肥 1 次；若枝叶已繁茂，则减少氮肥，改施堆肥即可。梅雨季节应防止长期潮湿，生长适温 10 ~ 25 ℃。

1 花烟草
2 花烟草“轰动”（杂交种）*Nicotiana × sanderae* 'Sensation'

悦目脱俗 - **金莲花**

Tropaeolum majus

金莲花科一年生草本
别名：旱荷花、矮金莲
原产地：南美洲

金莲花茎枝具匍匐性或攀缘性，常匍匐在地面，株高约 20 余厘米，圆形的小叶片，酷似迷你形荷花，花色有淡黄、橙黄、深红、乳白等色，殊为悦目，纵使不开花，仅观赏其叶片，亦令人有清新脱俗之感。花期早春到初夏，花谢花开，甚为持久，极适合花坛、吊盆栽培或盆栽；尤其在地势较高的地点栽培，攀缘性的茎叶呈悬垂状，甚为美观。

●繁殖：用播种或扦插法，但以播种为佳，早春、秋、冬季均适合播种，若春季太晚播种不利开花。种子嫌光性，发芽适温 15 ~ 20 ℃，种子先浸水 30 ~ 60 分钟使其吸水软化，再点播入土深约 1 cm，浇水保持湿度，经 7 ~ 10 天能发芽，待苗本叶 5 ~ 7 枚再移植。亦可使用直播，不再移植。盆栽每 5 寸盆植 1 株，花坛株距 40 ~ 50 cm。

●栽培重点：栽培土质以壤土或砂质壤土为佳，排水、日照应良好。生长或开花期间，每月用肥料三要素追肥 1 次；若见茎叶已旺盛，便不可再施氮肥，只施磷、钾肥，否则叶片繁盛不利开花。若茎叶极旺盛不开花，则必须大量摘除叶片或再移植 1 次，消耗部分养分，促其开花。种子成熟稍触摸便会掉下，可自行采收晒干保存。性喜温暖，忌高温，生长适温 12 ~ 25 ℃。病害用亿力、大生防治，虫害用速灭精、万灵防治。

1 金莲花
2 斑叶金莲花

伞形科 UMBELLIFERAE (APIACEAE)

食用药用 - **莳萝**

Anethum graveolens

伞形科一年生草本
原产地：地中海沿岸、俄罗斯南部

莳萝是香草植物，全株具辛香味，株高可达 2 m，叶互生。3 ～ 4 回羽状裂叶，裂叶线形。花顶生，复伞状花序，小花 5 瓣，黄色。种子为双悬果。适于庭园美化、盆栽或作花材；嫩茎叶可作菜肴，果可提炼精油，药用可治头痛、失眠、动脉硬化等。

●繁殖：播种法，早春、秋末为适期，不耐移植，直播为佳。

●栽培重点：栽培土质以壤土或砂质壤土为佳，排水、日照应良好。生长期间施肥 2 ～ 3 次。性喜温暖，忌高温多湿，生长适温 15 ～ 25 ℃，夏季需通风凉爽。

1 莳萝
2 莳萝
3 莳萝

清纯别致 - **雪珠花**

Ammi majus

伞形科一年生草本
别名：蕾丝花
原产地：北非、中东

雪珠花株高 50 ~ 80 cm，羽状复叶，小叶披针形或倒披针形。伞形花序，数百朵小花密聚枝顶，色纯白，如雪花图案，清纯别致。花期春季，适合花坛、盆栽、切花。

●繁殖：播种法，秋、冬、早春为适期，发芽适温 15 ~ 20 ℃，播种后经 7 ~ 10 天发芽，苗高度 10 ~ 15 cm 移植栽培。

●栽培重点：栽培土质以肥沃的壤土或砂质壤土为佳，排水、日照应良好。定植成活摘心 1 次，枝脆要防风，成株立支柱。追肥每月 1 次，提高磷、钾肥比例能促进开花繁盛。性喜温暖，生长适温 15 ~ 25 ℃。

1 雪珠花
2 雪珠花

风韵撩人 - **女娘花**

Centranthus ruher

败酱科一年生草本
原产地：欧洲

女娘花株高 60 ~ 90 cm，茎叶银绿色。叶披针形，花顶生或腋生，小花数十朵聚生成团，桃红色，花姿婀娜妩媚，惹人怜爱。花期春至夏季，适合花坛、盆栽、切花。

●繁殖：播种法，秋、冬、早春为适期，种子发芽适温 18 ~ 21 ℃。幼苗经追肥 1 ~ 2 次，本叶 5 ~ 7 枚移植栽培。

●栽培重点：土质以肥沃壤土最佳，排水、日照需良好。定植后摘心 1 次。追肥每月 1 次，有机肥料或肥料三要素均佳。若遇强风应立支柱扶持。花谢剪除残花，促使新枝开花。性喜温暖或高温，生长适温 15 ~ 28 ℃。

1 女娘花
2 女娘花

惹人怜爱 - **美女樱**

Verbena hybrida

马鞭草科一年生草本
别名：美人樱、马鞭草
原产地：杂交种

美女樱品种极多，原为宿根性草本，但通常均作一年生栽培。园艺栽培种有茎枝匍匐性或直立性品种，株高 10 ~ 30 cm，叶对生，长卵形，粗锯齿缘。花顶生，穗状花序，花色极丰富，色彩柔美妍丽，惹人怜爱，适合盆栽或花坛栽培，盛开的花海景观令人叹为观止。花期早春至春末，花期长达 2 ~ 3 个月。

●繁殖：可用播种或扦插法，秋播 1 ~ 4 月开花，春播 4 ~ 6 月开花。种子发芽适温 15 ~ 20 ℃，种子发芽率较低，宜用较多种子。种子浸洗后再播种，能提高发芽率。播种后覆土约 0.2 cm，保持湿度，经 15 ~ 20 天发芽，待苗本叶 6 枚以上再移植。扦插繁殖极容易，剪下肥硕茎节，每段 4 ~ 6 节，将茎节浅埋于疏松的砂质土中，浇水保持湿度，约经 15 天后即能发根成苗。盆栽每 5 寸盆植 1 株，花坛株距 30 ~ 40 cm。

●栽培重点：栽培土质以肥沃的砂质壤土为佳，定植前最好能预施基肥。排水、日照应良好，日照不足植株易徒长，开花疏少。幼苗茎枝长约 10 cm 以上摘心 1 次，促使多分枝，并施用肥料三要素追肥，待分枝成熟即能开花；花期甚长，开花期间每隔 20 ~ 30 天补给肥料 1 次。梅雨季节应注意排水，根部长期滞水易腐烂。性喜温暖，忌高温多湿，生长适温 10 ~ 25 ℃。

1 美女樱
2 大花美女樱（杂交种）*Verbena* × *hybrida* 'Selana'
3 紫星美女樱（杂交种）*Verbena* × *hybrida* 'Violet Star'

堇菜科 VIOLACEAE

花型奇丽 - 三色堇

Viola wittrockiana

堇菜科一年生草本
别名：人面花、猫儿脸、阳蝶花
原产地：欧洲

三色堇株高 10 ～ 20 cm，叶倒卵形，叶缘有波状浅裂。花顶生或腋生，5 瓣，唇瓣与侧瓣具有美丽色彩，花色繁富，鲜明艳丽，颇受喜爱。花期春季，适合花坛或盆栽。

●繁殖：用播种法，秋、冬为播种适期，种子发芽适温 15 ～ 20 ℃。将种子均匀撒播于细木屑，保持湿润，经 10 ～ 15 天发芽。若气温太高，不易发芽，可先催芽再播种，用半张卫生纸折叠成方形，装入小型塑胶拉链袋，再滴水少许，使卫生纸充分吸水，然后将种子倒入袋内，再将袋口密封，放置冰箱 5 ～ 8 ℃中，经 6 ～ 7 天再取出播种，发芽成苗后本叶 2 ～ 3 枚时，假植于育苗盆，追肥 1 ～ 2 次，本叶 5 ～ 7 枚再移植栽培。

●栽培重点：盆栽每 5 寸盆植 1 株，花坛株距 15 ～ 20 cm。栽培土质以肥沃富含有机质的壤土最佳，或用泥炭土 30%、细木屑 20%、壤土 40%、腐熟堆肥 10% 混合调制。生长期间每 20 ～ 30 天追肥 1 次，各种有机肥料或肥料三要素均佳。花谢后立即剪除谢花，能促使再开花，至春末以后气温渐高，开花渐少。性喜冷凉或温暖，忌高温多湿，生长适温 5 ～ 25 ℃，若气温高达 28 ℃以上，应力求通风良好，使温度降低，以防枯萎死亡。病害可用普克菌、亿力或大生防治，虫害可用速灭松、万灵等防治。

1 2 3
1 三色堇
2 三色堇
3 三色堇

群蝶飞舞 - 香堇

Viola × hybrida

堇菜科一年生草本

杂交香堇外形酷似迷你三色堇，株高 10 ~ 20 cm。叶卵形，齿状缘。春至初夏开花，顶生或腋出，5 瓣，花径约 3 cm，花色有黄、白、紫等镶嵌，花姿优雅绮丽，如群蝶飞舞，人见人爱。

●繁殖：播种法，种子嫌光性。秋至初冬为播种适期，种子发芽适温 18 ~ 24 ℃。

●栽培重点：栽培土质以疏松肥沃的壤土最佳，排水、日照应良好，荫蔽处生长不良。追肥每 20 ~ 30 天施用一次，有机肥料或肥料三要素均佳。性喜冷凉，忌高温多湿又通风不良，生长适温 8 ~ 20 ℃。

1 2
3 4

1 香堇
2 香堇
3 香堇
4 香堇

5 6
7 8

5 香堇
6 香堇
7 香堇
8 香堇

花历

注：本表所列的播种期、开花期，系依平地气候而定，仅供参考。
栽培者应按栽培地的气候环境、栽培习惯及经验，做适当的调整。

名　称	发芽适温（℃）	生长适温（℃）	播种期	开花期	用　途
鸡冠花	20 ~ 30	20 ~ 35	春~夏	夏~冬	盆栽、花坛、切花
雁来红	25 ~ 30	20 ~ 35	春~夏	夏~冬	盆栽、花坛、观叶
千日红	22 ~ 30	15 ~ 30	春~秋	春~秋	盆栽、花坛、切花
老枪穀	20 ~ 30	25 ~ 35	春~秋	夏~冬	盆栽、花坛
野鸡冠	20 ~ 30	25 ~ 35	春~秋	全年	大型盆栽、切花
凤仙花	20 ~ 30	20 ~ 35	春~秋	全年	盆栽、花坛
勿忘草	15 ~ 22	10 ~ 20	秋~冬	春	盆栽、花坛
醉蝶花	20 ~ 30	15 ~ 30	春~秋	夏~冬	大型盆栽、切花
五彩石竹	15 ~ 20	10 ~ 25	秋~春	冬~夏	盆栽、花坛
日本石竹	15 ~ 20	15 ~ 25	秋~春	春	盆栽、花坛、切花
美国石竹	15 ~ 20	15 ~ 25	秋~春	春	盆栽、花坛、切花
麦秆石竹	15 ~ 20	10 ~ 20	秋~冬	春	盆栽、切花
矮雪轮	15 ~ 20	15 ~ 25	秋~春	春	盆栽、花坛
麦蓝菜	15 ~ 20	10 ~ 20	秋~冬	春	盆栽、花坛、切花
红柄萘菜	15 ~ 20	15 ~ 25	秋~春	冬~春	盆栽、花坛、观叶
雏菊	15 ~ 20	5 ~ 25	秋~冬	冬~春	盆栽、花坛
红花	18 ~ 22	15 ~ 25	秋~春	冬~春	盆栽、切花、药用
翠菊	18 ~ 25	20 ~ 25	秋~春	春	盆栽、花坛、切花
金盏花	15 ~ 22	15 ~ 25	秋~春	冬~春	盆栽、花坛
蛇目菊	15 ~ 20	15 ~ 25	秋~春	春~夏	大型盆栽、花坛

（续表）

名　称	发芽适温（℃）	生长适温（℃）	播种期	开花期	用　途
金鸡菊	15 ~ 20	15 ~ 25	秋~春	春~夏	盆栽、花坛
矢车菊	15 ~ 20	15 ~ 20	秋~冬	冬~春	盆栽、花坛、切花
大波斯菊	18 ~ 25	10 ~ 25	秋~春	秋~春	盆栽、花坛、切花
黄波斯菊	15 ~ 25	15 ~ 35	全年	全年	盆栽、花坛
白晶菊	15 ~ 20	15 ~ 25	秋~冬	春	盆栽、花坛
缨绒花	18 ~ 25	18 ~ 25	秋~冬	冬~春	盆栽、花坛
美冠菊	15 ~ 20	15 ~ 25	秋~冬	春	盆栽、花坛
花环菊	15 ~ 20	15 ~ 25	秋~冬	春	盆栽、花坛、切花
勋章菊	15 ~ 22	10 ~ 25	秋~春	冬~夏	盆栽、花坛
大花天人菊	20 ~ 25	20 ~ 30	秋~春	春~秋	盆栽、花坛
向日葵	22 ~ 30	15 ~ 35	春~秋	春~秋	花坛、切花
麦秆菊	15 ~ 20	12 ~ 25	秋~春	冬~春	盆栽、花坛、切花
鳞托菊	15 ~ 20	15 ~ 22	秋~冬	春	盆栽、切花
黑心菊	21 ~ 30	10 ~ 30	春~秋	夏~秋	花坛、庭院点缀
千日菊	20 ~ 30	20 ~ 30	春~夏	春~秋	盆栽、花坛、药用
瓜叶菊	15 ~ 25	15 ~ 22	秋~冬	冬~春	盆栽
紫花藿香蓟	18 ~ 25	15 ~ 30	春~秋	春~秋	盆栽、花坛
墨西哥向日葵	20 ~ 30	15 ~ 35	春~秋	夏~秋	盆栽、花坛
山卫菊	20 ~ 30	15 ~ 30	春~秋	春~秋	盆栽、花坛
凉菊	20 ~ 25	15 ~ 25	秋~冬	春	盆栽、花坛
万寿菊	15 ~ 20	10 ~ 30	秋~春	全年	盆栽、花坛、切花
孔雀草	20 ~ 25	20 ~ 25	秋~春	冬~夏	盆栽、花坛
百日草	20 ~ 25	15 ~ 30	春~夏	春~秋	盆栽、花坛、切花
小百日菊	20 ~ 25	18 ~ 30	夏~冬	夏~冬	盆栽、花坛

花卉播种注意事项

1. 注意播种期及发芽适温

任何花卉都有它最适当的生长温度，因此在播种前一定要先查明播种期和发芽适温，确定后再留意气象预报，配合气温再播种。若气温未达到发芽适温的标准，就不要播种，否则温度太高或太低均不利发芽。

2. 台风、梅雨或寒流侵袭避免露地播种

强风暴雨长期潮湿，极易伤害幼苗，因此台风或梅雨季节应避免露地播种。若已播种，必须做好预防措施，将苗床加盖透明塑料布或暂移避风避雨的地点。寒流来袭，降霜、降雪要覆盖透明塑料布或将育苗箱移入温室保温。

3. 播种介质要清洁、排水良好

播种土壤以细团粒状的砂质壤土为佳，必要时用筛子筛过，排水、通气力求良好。土质要清洁，不可预先混合未经完全腐熟的有机肥料，尤其切忌预施强烈的化学肥料。

4. 提早育苗，必须先催芽再播种

某些种子需低温才能顺利发芽，若气温高居不下，又要提早育苗，必须先催芽再播种。催芽方法：将种子浸湿，再密封在塑料袋内，放入冰箱下层，待种子发芽后再取出播种。

5. 注意种子好光或嫌光性

某些种子具有好光或嫌光性，播种时要配合，才能提高发芽率。具好光性的种子外形较细小，播种后不可覆土；具嫌光性的种子外形较粗大，播种后要覆盖细土，使其顺利发芽。

6. 防止蚂蚁、鸟类窃食

某些种子插种后容易遭蚂蚁搬食（如三色堇、一串红、天堂鸟等），鸟类窃食（如向日葵、红花等），必须注意防范。蚂蚁可用杀蚁剂扑杀，播种的苗床垫上一水盘注入清水，可防蚂蚁侵入。预防鸟类窃食可用纱网、遮光网保护。

7. 播种后保持适当湿度

种子播种后要注意保持介质适当的湿度，若介质一度干燥再浇水，则无法恢复种子生机。反之，介质排水不良而滞水不退，种子过度潮湿，也会导致腐烂。

8. 标示名称、日期或栽培记录

播种后标示播种名称、日期，有助于栽培管理，减少浪费。因为某些种子发芽时间较长，如椰子类种子长达数月才能发芽。

9. 种子要低温干燥冷藏

种子力求新鲜（有休眠特性者除外），最好能 1 次播完。若要保留，需将种子密封塑料袋内或瓶内，放置阴凉干燥处或冰箱下层贮藏。

10. 播种后不发芽原因

①种子贮存不当，已失去发芽力；②种子休眠期长，尚未达发芽时期；③播种温度不当，未达到发芽适温；④播种介质不洁，导致种子腐烂；⑤种子细小，浇水不当，冲失种子；⑥水分控制不当，环境通风不良，导致种子发霉不发芽；⑦覆土太厚或未覆土，不符种子光线需求；⑧种子被动物窃食；⑨种子本身抑制发芽物质未除去；⑩种子已发芽，但被蜗牛、蛞蝓吃食，误以为不发芽。

中文名索引

J

K

L

M

N

Q

R

S

学名索引

N

P

R

S

T

V

Z